Christian Spancken
Digital denken statt Umsatz verschenken

Christian Spancken

Digital denken statt Umsatz verschenken

Online-Strategien für den Mittelstand

Econ

Econ ist ein Verlag
der Ullstein Buchverlage GmbH

ISBN 978-3-430-20242-8
© der deutschsprachigen Ausgabe
Ullstein Buchverlage GmbH, Berlin 2018

Redaktion: Michael Schickerling, schickerling.cc, München
Alle Rechte vorbehalten
Gesetzt aus der Dante MT Pro
Satz: L42 AG, Berlin
Druck und Bindearbeiten: GGP Media GmbH, Pößneck
Printed in Germany

Inhalt

1 Der Mittelstand kann nur digital gewinnen – und jetzt aus dem digitalen Schlaf erwachen

Vielleicht spüren Sie bereits seit einiger Zeit, dass etwas nicht stimmt. Dass Sie und Ihr Unternehmen den Absprung verpassen – den digitalen Absprung. Dabei geben die Zahlen diesen gefühlten Handlungsbedarf vielleicht noch gar nicht her: 3, 5 oder mehr Prozent Wachstum, wie die Jahre zuvor. Die Mitarbeiter sind so zufrieden oder unzufrieden wie immer und erhalten ihre Boni oder ihre Gehaltserhöhungen. Die Kunden kaufen und bleiben – oder gehen, aber auch das wie immer. In Ihrer Branche tauchen ein paar unerwartete Player in Form von Start-ups auf – oder alteingesessenen Unternehmen, die sich mit bislang unbekannten Produkten oder in einer anderen Rolle als bisher zeigen. Und der volatile Markt? Ja, der macht hier und da ein paar Sprünge, aber sonst läuft alles mehr oder weniger wie gehabt. Gleichwertige Mitspieler, ernsthafte Konkurrenz? Mit so vielen Kontakten, Kunden und Referenzen, wie Sie und Ihr Unternehmen haben? Zumindest nicht mit so vertrauensvollen und langjährigen Kundenbeziehungen und Erfahrungen. Neulinge und Start-ups, die mit vier Leuten eine Idee oder ein unfertiges Produkt auf den Markt werfen, Gelder im Netz einsammeln und mithalten wollen? Innovationen vielleicht, aber das ist ja nicht alles, was zählt, oder?

Viele Unternehmer und Manager möchten eine Tatsache noch nicht akzeptieren: Ihr Geschäftsmodell wird nicht mehr lange funktionieren. Damit mögen sie seit zwanzig Jahren arbeiten, und das sogar mehr als erfolgreich. Wenn man seit zig Jahrzehnten am Markt ist – und in ein paar Jahren ohnehin in Rente geht –, mag die Idee, diesen »Trend Digitalisierung« einfach auszusitzen, vermeintlich attraktiv wirken. »Für mich und mein Unternehmen ist der jetzige Stand mehr als ausreichend. Diesen will ich bewahren und an meine Nachkommen weitergeben.« Diese Einstellung mag auf den ersten Blick vielleicht sogar löblich und logisch sein, wenn man Veränderungen der letzten Jahrzehnte erlebt und überstanden hat – doch heute ist sie fatal, eine Vogel-Strauß-Taktik.

Denn auch die Veränderungen haben sich verändert: Sie folgen immer schneller aufeinander, fordern immer stärkeren Wandel, immer flexiblere Strukturen. Gleichzeitig eröffnen sie aber Wege und Möglichkeiten, diese zu gestalten: Sie »evolutionieren« sich sozusagen selbst, das heißt, sie entwickeln Methoden zur Umsetzung direkt mit, bieten parallel zu ihren Erfordernissen die passenden Lösungen an. Fazit: alles machbar! Aber machen muss man dennoch etwas.

Die aktuelle Situation ist dafür eigentlich ganz wunderbar, denn besonders der Mittelstand steht bei dieser Digitalisierungswelle in gewisser Hinsicht noch immer am Anfang – und kann sich damit fast alles aussuchen. Der Wettbewerb ist überschaubar (und im Zweifel auch nicht so mutig, wie er sein sollte), die Gewinne sind groß, die Vorteile schnell zu generieren, und allerlei Erfahrungen lassen sich machen, ohne bei jeder schlechten sofort überrollt zu werden.

Dennoch haben sich die digitalen Themen für viele Unternehmen zu einem wahren Graus entwickelt, leider. Denn zum einen verbauen sich viele mittelständische Unternehmer als eines der entscheidenden Standbeine Deutschlands jegliche Zukunftsaussichten. Zum anderen sehen sie nicht, welche Vorteile sie aus der Digitalisierung generieren können. Stattdessen sind es oft die gleichen frustrierten Fragen, die nach außen getragen werden: Was zum Teufel soll man davon wie, wann und mit welchem

Budget umsetzen? Und warum? Wie soll man dort einsteigen, wenn sich ohnehin ständig alles ändert? Und sind diese ganzen Buzzwords, die einem tagtäglich neu um die Ohren fliegen, nicht ohnehin nur Fassade und Fake? Zu viele denken zu lange auf diese Art und Weise – verzweifeln oder nehmen die Thematik nicht mehr ernst und fahren ihre Linie mit Scheuklappen weiter. Dies kann und wird wie ein Bumerang auf jedes Unternehmen zurückfallen, so viel ist gewiss.

Die Entwicklungen sind nicht rückgängig zu machen, ob sie nun außerhalb eines Unternehmens auf dem Markt stattfinden oder im Unternehmen. Das Gute ist jedoch: Wenn man sich einmal mit dem Thema auseinandergesetzt hat und mit Köpfchen startet beziehungsweise weitermacht, wird man gar nichts rückgängig machen wollen. Hat man sein digitales Geschäftsmodell und seine Strategie erst einmal aufgesetzt, wird vieles seinen Schrecken verlieren. Spätestens dann werden Wachstum, Spaß und Erfolg daraus resultieren und sich so verselbständigen, dass Unternehmen und Mitarbeiter sozusagen automatisiert in Veränderungsprozessen denken, sich ständig optimal in den Markt einfügen – und endlich Produkte für Kunden herstellen, die diese wirklich wollen und mitgestalten können.

1.1 Unsere Gesellschaft ist schon digital – und sie wartet nicht

Noch legen viele »Strategen« weiterhin die Füße hoch. Schließlich wurde schon so einiges prophezeit: Die Zeitung sterbe, die Printanzeige mit ihr, niemand werde mehr im Laden um die Ecke einkaufen gehen, Büros würden papierlos, Arbeitszeiten völlig flexibel, Roboter alle Aufgaben übernehmen, und, und, und. Bevor diese Falle zuschnappe, sollten die »alten Hasen« unter den Unternehmern den Wandel von der Industriegesellschaft zur Dienstleistungsgesellschaft der letzten vierzig bis fünfzig Jahre fix überdenken und endlich handeln. Und was sagen die alten Hasen? Nichts davon sei eingetroffen? Doch, ist es!

Dieser Wandel lässt sich nicht so einfach leugnen, nur weil er noch nicht überall angekommen ist oder alles bisher Dagewesene zerstört hat. Er hat definitiv schon längst die ersten Grundlagen für unsere heutige Gesellschaftsform gelegt: Wissen, Information und Service treten in den Vordergrund und platzieren sich neben klassischen haptischen Produkten auf dem Markt, ob als Apps, als Blogs oder als fast schon klassische Leasingangebote. Unternehmen können Maschinen digital warten, ihre Nachbestellungen automatisiert abwickeln und ihre Fragen Tag und Nacht beantworten lassen. Sie können Rechnungen erstellen oder Freigaben erteilen ohne irgendeinen manuellen Eingriff, in anderen Ländern Fuß fassen, mit Prototypen auf den Markt strömen. Sie können bekannte und klar definierte Kundengruppen erkennen und ansprechen, neue und potenzielle Zielgruppen minutiös identifizieren und kennenlernen – und allen genau das bieten, was sie brauchen und wünschen. Digital, versteht sich. Und wir sind noch lange nicht am Ende – beziehungsweise bleiben mittendrin, schließlich ist der Wandel die neue Konstante.

Heute mitgehen – denn morgen geht es weiter

Der nächste Schritt von der Dienstleistungsgesellschaft zur digitalen Transformation und intelligenten Vernetzung vollzieht sich bereits und schließt sich logisch an. Von PCs über Laptops zu Tablets und Smartphones: beweglich, flexibel und überall dabei. Es sind nicht mehr nur die digitalen Generationen, die permanent mit ihrem Smartphone in der Hand anzutreffen sind. Immer mehr Menschen aus allen Generationen sind mobil im Netz unterwegs. Entscheidend ist allerdings, was sie dort tun. Denn sie mögen zwar Katzenvideos schauen, ebenso suchen sie aber einen neuen Arbeitgeber, gleichen ihren Terminkalender mit denen ihrer Kunden ab, sehen sich ein Tutorial an, synchronisieren den Einkaufszettel der Familie oder reservieren einen Tisch für ein Abendessen.

All das ist erst der Anfang, denn die »digitalen Assistenten« stehen schon in den Startlöchern – und sind im privaten Kontext bereits angelaufen. Ob der »Google Assistant« in Google Home, »LingLong DingDong« von Beijing LingLong oder »Alexa« bei Amazons Echo: Wer aktuell einen richtig guten Assistenten an seiner Seite hat, weiß, dass dieser sich in Gold nicht aufwiegen lässt. Und dass es ein Knochenjob ist, denn die Datenmengen wachsen und wachsen, und die Organisation selbiger ist kaum noch zu bewältigen. Die digitalen Assistenten allerdings werden in der Lage sein, aus diesem Wust nicht nur die entscheidenden Informationen zu filtern, sondern sie auch im relevanten Kontext zu sehen, und zwar in Sekundenschnelle.

Schon jetzt ist die digitale Vernetzung ein entscheidender Faktor, der uns erlaubt, einfache Arbeiten digital abzugeben. Ob kontextbasierte Aufgaben (zum Beispiel Termine zusammenstellen) oder informative (»Wann fährt mein nächster Zug?« oder »Wie hoch ist der Eifelturm?«) – die Assistenten schaffen es immer besser, zu erkennen, worum es uns geht und welche Information wir gerade brauchen. »Buch mir den nächsten Flug!« oder »Sag Eva, ich komme später!«, das wird als Angabe reichen, denn aus allen anderen Daten und ihrer Kombination können die Assistenten selbsttätig den Kontext filtern. Der »Google Assistant« versteht schon heute, was gemeint ist, wenn man sagt: »Mach mal dunkler!«

Bald reicht: »Wer ist unser bester Lieferant für XYZ?«, und der Assistent wird Unmengen an Daten auswerten (Leistung, Störfälle, Preis, Qualität et cetera) und die besten heraussuchen. Ebenso wird er bei der Optimierung der Auslastung Vorschläge machen, die nicht nur fundiert, sondern auch umsetzbar sind, stets Effizienz und Produktivität im Fokus. Bei der Akquise nutzt er seine Erfahrungen mit unseren Präferenzen und Bedürfnissen und schlägt das Passende vor.

In all diesen Bereichen werden die Assistenten vielfach bessere und auch unerwartete Vorschläge machen, nicht weil wir dumm sind, sondern weil wir diese Datenmassen gar nicht so schnell und präzise auswerten können wie die digitalen Helfer. Mit mehr Daten entscheiden wir Menschen ohnehin nicht unbedingt besser oder anders, weil Bauchentscheidungen wesentlich häufiger stattfinden als wir meinen. Ohne diese schlecht zu machen – unser Bauch hat oftmals gute Ideen –, können sie einfach besser werden, wenn sie innovative und innovativ gedachte und fundierte Vorschläge berücksichtigen. Wer sich nun sorgt, dass wir in den Albtraum einer digitalen Herrschaft der Maschinen über uns Menschen geraten, kann durchatmen: Die Entscheidungen werden vorerst immer noch wir treffen.

Diese Entscheidungen waren auch früher schon von unseren Suchgewohnheiten abhängig. So hat Aachen in den Siebzigerjahren nicht umsonst darauf verzichtet, die Bezeichnung »Bad« in ihrem Namen zu tragen – Stichwort lineare alphabetische Verzeichnisse, in denen Aachen stets als Erstes erscheint. Heute sind an deren Stelle gut aufbereitete Webseiten getreten, vor allem aber Google und weitere Plattformen. Wer sich dort nicht zeigt, wird zwangsläufig untergehen. Wer sich dort zeigt, sollte darauf achten, dass seine Daten gut strukturiert sind – denn schon jetzt suchen nicht das menschliche Auge samt Herz und Hirn, sondern Algorithmen, denen negativ auffällt, wenn Daten variieren. Sind also die Unternehmensanschrift, der Ansprechpartner oder das neue Produkt in einem Verzeichnis aktualisiert, in einem anderen aber nicht, werden diese Daten nicht ihre potenzielle Reichweite erfahren und die Algorithmen dies bestrafen.

Der Mensch zählt – vor allem in der digitalen Welt

Strukturierte, einheitliche Daten mögen nicht nur die Maschinen, sondern wir alle, denn sie erleichtern die Auffindbarkeit, vermeiden redundantes oder fehlerhaftes Vorgehen und schaffen durch ihren Wiedererkennungswert Vertrauen. Sie also zentral zu halten und an alle weiteren Kanäle, Plattformen, Verteiler oder Karten in gleicher Form weiterzuspielen, wird zum absoluten Muss, um Mensch und Algorithmus zufriedenzustellen. Der Mensch geht dabei natürlich vor, doch bei der Datenaufbereitung sollte der digitale Assistent immer stärker berücksichtigt werden, schließlich nutzt der den Service: Der Mensch kann nicht zufriedengestellt werden, wenn es nicht zuerst der Assistent wird.

Apropos Zufriedenheit: Die zunehmende Sorge, dass diese Entwicklung uns und unsere Jobs wegrationalisiert, ist zum Glück hinfällig. Die Aufgaben gleichen etwa denen der früheren Bergwerksarbeiter oder der Tankwarte: Es werden neue kommen, die unmittelbar uns persönlich brauchen und unserer individuellen und einzigartigen Qualitäten wie Menschlichkeit, Empathie, Querdenken und Kreativität bedürfen. Die Digitalisierung rationalisiert zwar viele Arbeitsplätze weg, allerdings zumeist im Niedriglohnsektor, sodass sie parallel das Bildungsniveau anhebt – wenn wir politisch, gesellschaftlich und wirtschaftlich die richtigen Weichen stellen!

Gleichzeitig können wir Strukturen schaffen, die es der ganzen Welt ermöglichen, noch stärker miteinander zu interagieren und Geschäfte zu machen. Sprachassistenten werden jeden Tag besser und durchbrechen damit Sprach-, Alters- und Alphabetisierungsbarrieren: Ob Übersetzen oder Vorlesen, digitale Assistenten können es schaffen, dass kleine Werkstätten im Kongo oder Kambodscha plötzlich erfahren, dass es passende (und bezahlbare) Gerätschaften und Technologien in Deutschland oder Kanada für sie gibt und dass sie diese für ihre Bedürfnisse anpassen können – vice versa gilt natürlich das Gleiche. Facebook und Google kämpfen seit längerem darum, das Internet in alle Welt zu bringen, die potenziellen Kontakte sollten dann nicht durch Sprachprobleme behindert werden.

Dies war nur ein kleiner Exkurs in all das, was in Bälde zu unserem Alltag gehören wird. Was heute schon gilt: digital, mobil, vernetzt, so geht Leben. Und so geht auch Business, ob B2C oder B2B: Zubehör beim Lieferanten bestellen, Angebote vergleichen, Kundenfragen beantworten, Nachjustierung, Fehlerbehebung und Zusatzfunktion der Firmenmaschinen in Erklärvideos erlernen, Termine bestätigen, relevante Informationen teilen, kurz und gut, Geschäfte machen. Und zwar so, wie sie es heutzutage in allen Lebensbereichen gewohnt sind: effizient, schnell, simpel und benutzerfreundlich. Gestehen Sie sich ein, dass Sie das eigentlich schon jetzt von Ihren Mitarbeitern und Partnern verlangen – auch wenn Sie selbst noch nicht digitalisiert sind – und diese von Ihnen: Unternehmen fordern effizientes Arbeiten, das Kunden zufriedenstellt, während die Mitarbeiter gute Bedingungen fordern, unter denen sie effizient, flexibel, innovativ und kundenorientiert handeln können.

Ob Zeitungen zumindest als Printmedien in absehbarer Zeit aussterben, bleibt Spekulation. Dass es bereits papierlose Büros, orts- und zeitunabhängige Arbeitsplätze und vollständig automatisierte Arbeitsvorgänge gibt, jedoch nicht: Sie sind längst da! Nein, nicht nur Modelle auf Messen und zu PR-Zwecken, sondern im Alltag haben sie sich bereits etabliert. Im Zweifel bei den »unerwarteten Playern«, Start-ups, Selbständigen, Quereinsteigern und anderen Machern, die früher nicht da waren. Das bedeutet: Es existiert eine Parallelwelt, die sich tatsächlich bereits auf den digitalen Weg begeben hat und Dinge – Produkte, Strategien, Geschäftsmodelle – anders denkt, macht und lebt. Dieser Weg steht allen offen, aber er muss jetzt begangen werden. Loslegen lautet daher die Devise, Mut zu Veränderungen zeigen und endlich einfach machen!

Digital handeln kann nur, wer digital denkt

Dass der B2B-Mittelstand der Digitalisierung hinterherhinkt – wie es seinerzeit der B2C-Bereich getan hat und von Amazon und Co überrollt wurde –, wissen wir. Und was dem Mittelstand sein

Geschäftsmodell, ist uns allen unser Lebensmodell. Nach einem Bonmot des Philosophen und Publizisten Richard David Precht dekorieren wir gerade die Liegestühle auf der »Titanic« um: Wir haben noch nicht begriffen, dass es nicht vornehmlich um einzelne operative Schritte geht, sondern um neue Denkweisen.

Während die einen in selbstfahrenden Autos voranpreschen, fordern die anderen bessere Straßenverhältnisse für ihre Kutschen. Warum? Weil sie diese schon besitzen, sie produzieren oder sie einfach nur gewohnt sind. Wer hier vollständig vergessen wird: der Kunde beziehungsweise der Fahrgast, wenn man beim gerade genannten Beispiel bleiben will. Der Kunde, den ein Unternehmen wie Uber »plötzlich« ins Auge gefasst hat. Welch Aufschrei ob des schnellen, disruptiven Vorgehens ohne Rücksicht auf die gute alte Taxibranche! Hätte diese ehrwürdige Branche etwas früher und selbständiger an ihre Kunden gedacht, wäre es möglicherweise nicht zu diesem harten Kampf gekommen. Per App ein Taxi rufen, digital sehen, wo sich die Fahrgelegenheiten befinden, wie weit und teuer die Strecke ist et cetera. Seien wir ehrlich: Der Wandel wurde verschlafen, die Kundenerwartungen schlicht nicht erkannt oder gar mitgestaltet.

Genauso wird es vielen weiteren Branchen und Unternehmen gehen, wenn sie sich in der Gewissheit wiegen, dass sie gebraucht werden, dass es schon seit zig Jahren so gut läuft, dass der Kunde nun mal die Produkte oder Dienstleistungen braucht und keine Wahl hat. Er wird sie bekommen – und noch viel mehr. Wenn nicht von den mutigen Alten, dann von den forschen Neuen – und er wird das Angebot gerne annehmen. Dabei werden das vielbeschworene Vertrauen und die langfristige Kundenbeziehung nicht hinfällig, sie werden nur mit anderen Mitteln aufgebaut beziehungsweise gestärkt. Denn seien wir ehrlich: Wer vertraut noch einem Arzt, der mit altem Besteck und ohne Röntgengerät einen Bruch operieren möchte? Oder einem Flugzeugbauer, der nicht über Navigationssysteme mit der ganzen Welt verbunden ist? Oder Maschinen, die stets aktuell Bestellungen vornehmen sollen, jedoch nicht im Internet sind? Das Vertrauen schwindet, wenn der Partner nicht mit der Zeit geht und sich auf einem aktuellen Stand hält – vor allem, wenn es immer mehr um ihn herum tun, es viele Vorteile bringt und bequem, zeitsparend und effektiv ist.

Wir alle sind Kunden, wir wissen sehr gut, dass solche Strukturen sich mehr oder weniger langsam und unauffällig, aber konstant in alle Lebensbereiche einschleichen. Wir sind es gewohnt, Techniken zu verwenden, die uns Arbeit abnehmen, Zusatzdienste bieten und schneller machen. Deswegen bedeutet digital zu denken, an den Kunden zu denken, seine Sicht einzunehmen und seine Wünsche zu erfüllen – nicht nur nach Produkten und Services, sondern auch nach Mitbestimmung und sinnvoller Kommunikation.

1.2 Die erfolgreiche Strategie ist digital – weil der Kunde es erwartet und fordert

Wer das eingesehen hat, sollte sofort loslegen. Denn bei aller Schnelligkeit auf dem Markt – das Tempo ist nicht überall so hoch: Es dauert seine Zeit, Strukturen in einem Unternehmen umzudenken, neu zu entwickeln und aufzubauen. Digitales Denken zu etablieren, neue Kundengruppen zu verstehen, innovative Nutzen zu erkennen – Letztere für die Kunden und für das eigene Unternehmen: All das kann zwei, drei Jahre dauern, und diese Zeit haben wir kaum noch. Wenn Unternehmer sich also heute entscheiden, innovativ und digital zu denken, können sie damit nicht schon morgen einen Durchbruch feiern.

Sie können aber sich selbst feiern – und dank ihrer digitalen Denkweisen sofort in kleinen Schritten kleine Erfolge erzielen. »Fake it till you make it« (so tun, als ob man etwas könnte, bis man es wirklich kann) oder das »Minimal Viable Product« (ein funktionierendes Produkt mit minimalen Anforderungen und

Eigenschaften) können als Konzepte helfen: Es muss nicht die final durchdachte und vor allem abgeschlossene Produktidee sein, an der man jahrelang im stillen Forschungskämmerlein gewerkelt wird – um am Ende vielleicht festzustellen, dass der Kunde das gar nicht nachfragt oder schon längst eine Alternative gefunden hat.

Es geht zunächst um eine Strategie, um sein Unternehmen beweglicher zu machen, den volatilen Gegebenheiten anzupassen, neue Denkweisen zuzulassen. Dann erst können Ideen, die in die heutige Welt passen und von den Kunden erwünscht sind, ersonnen und umgesetzt werden. Das Entscheidende hierbei: Für den Mittelstand im B2B-Bereich und besonders für die Industrie bedeutet das, ein neues Verständnis ihrer Kunden und deren Know-how zu erlangen. Etablierte Kundenbeziehungen müssen in neuen Dimensionen gedacht werden, ebenso wie Datentransfer, Vertrauen und Prozesskenntnis – und die Ansprüche an schnelle, hochfunktionale und damit digitale Abläufe.

Wenn ein langjähriger Anbieter keine kürzeren Wege, keine verbesserten Lösungen, neue Zusatzleistungen und bequemen Service zur Verfügung stellt, während um ihn herum solche Angebote entstehen, nährt er seinen eigenen Untergang. Gemeinsame Geschichte in allen Ehren, aber das reicht lange nicht mehr aus, um der Zukunft und ihren Köpfen sicher, wegweisend, zielführend und gewinnbringend zu begegnen. Tut man dies nicht, werden Vertrauen und Zufriedenheit verloren gehen beziehungsweise an anderer Stelle Nährboden finden und Input erhalten – digital gedachten und digital ausgeführten.

Der Kunde ist im Wandel – deshalb müssen auch wir es sein

Der Kunde befindet sich ebenso im Wandel wie der Rest der Welt. Nicht zu bemerken, in welche Richtung die Kundschaft und die Branche sich bewegen, und diese weder mitzugehen noch mitzugestalten, ist eine enorme Gefahr: So kann niemand das bieten, was wirklich gebraucht wird. Damit wird die Digitalisierung für das Unternehmen weder Sinn ergeben noch funktionieren, denn ohne Zugang zum Kunden, ohne eine ernst gemeinte Suche nach seinen Erwartungen und Wünschen werden die Maßnahmen weder ihm noch dem Unternehmen schlüssig erscheinen. Gleichzeitig zeigt dieses Verhalten, dass das Unternehmen sich nicht zur Digitalisierung verpflichtet hat – sonst würde es den Kunden stärker ins Zentrum seines Handelns rücken.

Digitale Ideen und Tools tun hauptsächlich genau dies: den Fokus auf den Kunden richten. Angepasst an neue Kommunikations- und Marketingstrategien mit effektiven Kontrollwerkzeugen lässt sich wesentlich gezielter feststellen, was der Kunde will und ob, wie gut und mit wie viel Erfolg er erreicht wurde. Dabei geht es nicht darum, alles Analoge zu verbannen, sondern anzuerkennen, dass das Digitale nicht nur eine andere Umsetzung erfordert, sondern vor allem eine neue Strategie. Vergleichbar mit Fahrrad und Auto lassen sich etwa Ähnlichkeiten bei Transport, Mobilität und Rädern nicht von der Hand weisen: Es ist schlichtweg nicht möglich, über Autos nachzudenken, wenn man in Formen und Konzepten von Fahrradsatteln, -speichen, -sicherheit und -geschwindigkeit denkt. So kann man Autos weder weiterentwickeln noch vermarkten und verkaufen.

Es heißt aber genauso wenig: »Schuster, bleib bei deinen Leisten«, sondern vielmehr: Überlege, was deine Leisten überhaupt alles können, wer noch (besondere) Schuhe benötigt, welche Schuhe es noch gar nicht gibt, wofür das Material oder die Produktionslinie sinnvoll verwendet werden können. Frage dann die potenziellen Kunden, ob sie irgendetwas davon brauchen oder kaufen würden – und zwar, bevor Jahre investiert und Unsummen ausgegeben wurden. Denn Mut braucht es schon, aber keine irrwitzigen Investitionskosten auf gut Glück. Wer sich mit den Möglichkeiten der digitalen Kommunikation und des digitalen Marketings und Vertriebs strategisch auseinandersetzt, benötigt weniger Geld als guten Willen.

1.3 Nach dem Denken folgt die Technik

Es ist tatsächlich das eigene Denkvermögen, welches nachziehen muss, denn die Technik steht schon bereit. Um Kunden und dem eigenen Unternehmen schnellere Wege und effektivere Strukturen zu schaffen, ist die Nutzung von Informations- und Kommunikationstechnologien (IKT) unabdingbar. Die technischen Möglichkeiten sind bei den meisten zu einem gewissen Grad vorhanden – falls nicht, lässt sich das schnell ändern.

Klar, es gibt noch immer viele Unternehmen, die keine Server und kein Intranet haben, keine digitale Organisationsstruktur, ob es um Ordner, Rechnungen oder Mails geht. Es gibt viele ländliche Gebiete, in denen kein schnelles Internet zur Verfügung steht – das lässt sich natürlich nicht ad hoc digitalisieren. Auf der anderen Seite finden sich spannende Hidden Champions in den entlegensten Ecken des Landes, die es trotz Widrigkeiten geschafft haben, digital zu denken und digital zu handeln. Denn das geht nur, wenn beides zusammenkommt. IKT stellen hierfür die Weichen, sie sind effektiv und funktional, bezahlbar und messbar.

Diese Technologien rund um Information und Kommunikation sind unerlässlich, wollen allerdings sinnvoll verwendet werden, um gewinnbringend zu sein. Mit anderen Worten: um den Kunden das, was diese erfragen, in der Form zu liefern, die sie wünschen. Ob Produkte oder Services, Suchmaschinenoptimierung (SEO) oder Facebook-Posts: Sie können exakt das bieten und die erreichen, die sich sehr wahrscheinlich dafür interessieren. Mitarbeiter und Abteilungen im Unternehmen müssen dafür intern so miteinander vernetzt sein, dass sie schnell agieren und damit die Kunden zufriedenstellen. Zudem müssen Informations- und Kommunikationsfluss nach außen und von außen ohne lange Verzögerungen ermöglicht werden, um reaktionsfähig zu sein – genau hier beginnt der Service.

Beispiele gefällig? Wenn im B2B-Bereich die Maschine des

Kunden plötzlich defekt ist, er dringend eine Um- oder Neueinstellung benötigt, einen Engpass auffangen muss oder mehr Material braucht, kann er sich heute nicht mehr leisten, erst einen Telefontermin zu vereinbaren, diesen später wahrzunehmen, eine mögliche Vorgehensweise zu besprechen, ein Angebot abzuwarten, dieses erst nachzujustieren und dann anzunehmen – und schließlich irgendwann eine Lösung zu erhalten. Was immer mehr Mitarbeiter oder Kunden tun: zum Smartphone greifen und entweder den Partner anrufen oder die Lösung googeln. »Was soll ich tun, wenn ich eine weitere Funktion benötige?« Oder: »Teil X ist kaputt, wie kann ich es schnellstens reparieren oder reparieren lassen?« Das kommt Ihnen bekannt vor? Zu Recht, schließlich kennen wir diese Lösungsstrukturen aus allen Lebensbereichen. Und wenn der altbekannte Anbieter hier nicht flexibel, clever und schnell handelt, wird er zum Ex-Anbieter – Vertrauen hin oder her, es geht auch anders. So wissen viele IT-Experten und Ingenieure Fachforen seit langem zu schätzen. Ob von Partnern oder Mitbewerbern aufgebaut, hier können sich alle schnell und professionell austauschen, Probleme schildern, Lösungen teilen und von Best Practices lernen.

Das heißt: Der Anbieter braucht Präsenz und Kommunikation, Marketing im Sinne einer am Kunden und Markt ausgerichteten Unternehmensführung – und zwar digital. Anders geht es nicht, denn nur digital können die Kunden das erhalten, was sie suchen, brauchen und wünschen, und zwar weil sie hier individuell und serviceorientiert abgeholt und bedient werden. Konkrete Beispiele der Umsetzung können ein responsiver Internetauftritt sein, einfache Möglichkeiten, Fragen zu stellen – die einfachsten sind bereits fertig zusammengestellte FAQ –, kurze Antwortzeiten, benutzerfreundliche Systeme für Einkauf und Nachbestellung und Service, Service, Service. Ob in Form von Erklärvideos, Chatbots, Apps, Telefonnummern, Kontaktdaten von Partnern für verwandte Produkte und Dienstleistungen oder vielem mehr – es muss bequem sein und schnell gehen.

Im Marketing bedeutet das: die Kunden dort abholen, wo sie sich aufhalten, und zwar die tatsächliche Zielgruppe mit ihren Suchbegriffen, ihrem Branchen-Know-how und ihren Bedürfnissen. Dies ist jedem, der digital denkt, nach kürzester Zeit klar. Warum im Jahr 2016 noch immer neun Prozent aller Mittelständler die Nutzung von Facebook während der Arbeitszeit verboten oder nur 21 Prozent aller Mitarbeiter im Mittelstand ein Firmenhandy mit Internetzugang besaßen, ist hingegen weniger klar.

Im B2C-Bereich haben die »Pure-Online-Player«, also Anbieter, die (fast) nur online arbeiten, gezeigt, wie es geht: Amazon, Zalando und Co. investieren enorm in Kräfte und Mechanismen, um Kunden in ihren Bann zu ziehen: Sie stecken Unsummen in ihre Online-Position, möchten beinahe an allen digitalen und analogen Orten präsent sein, konstant Neues liefern und Vielversprechendes ausprobieren. Sie entwickeln und verwenden stetig innovative und unbekannte digitale Marketing-, Controlling- und Verkaufsstrategien, die sie dank Big Data, also riesiger Datenmengen, feingliedrig analysieren können.

Vieles davon wird im B2B-Sektor folgen, Amazon ist bereits auf dem Weg dorthin. Doch es müssen nicht nur die Großen sein, mit denen ein Vergleich immer schwierig ist. Vorreiter, die sich als Erste trauen, etwas ausprobieren und ihren Vertrieb digitalisieren und optimieren, wird es immer geben. Im Moment sind es neben den Riesen viele kleine Start-ups, die keine Scheu haben, weil sie keine altbekannten Pfade verlassen müssen. Die noch dynamisch und forsch genug sind, nicht zu lange in Gewiss- und Sicherheit agiert haben, um andere Wege grundsätzlich als risikoreich wahrzunehmen. Sie springen ins kalte Wasser – und stellen oft genug fest, dass es so kalt gar nicht ist.

Es geht um alles – Menschen, Kommunikation, Technik

Das gilt nicht nur im Vertrieb, in der Logistik, im Marketing oder im Service – es gilt vor allem im Kopf und dann bei der Umsetzung in allen Bereichen des Unternehmens, der Strategie und der eigenen Produkte.

Bei alldem muss der Kunde grundsätzlich im Vordergrund stehen: Die beste Logistik, das spannendste Marketing oder das beste Produkt nützt einem Unternehmen wenig, wenn sein Kunde davon nichts weiß, seinen eigenen Bedarf nicht erkennt oder das Angebotene schon längst nicht mehr wünscht. Auf den Punkt gebracht: Wer als Unternehmer im Netz nicht auffällt, fällt weg. Drei Säulen geben dies vor:

– der Kunde und sein Verhalten,
– die Digitalisierung und ihre Produkte,
– das Marketing und seine Kommunikationsstränge.

B2B-Unternehmen müssen anfangen, digital zu denken, um die Bedürfnisse der Kunden zu befriedigen. Dabei geht es nicht nur um Technik, sondern um gesellschaftliche und kommunikative Strukturen. Als Basis muss also eine digitale Strategie mit allen Konsequenzen vorliegen – erst dann können Unternehmen operativ erfolgreich agieren. Dazu müssen sie nicht alles Nichtdigitale fallen lassen, aber sie müssen es digitaler denken, um dem Kunden das zu bieten, was er wünscht und braucht. Sie müssen weder ihren Vertrieb oder andere Abteilungen noch ihre klassischen Produkte aufgeben, sondern sie mit einer neuen, digitalen Denkweise verbinden und optimieren. Digitale Formen sind hierfür prädestiniert.

Der Markt und seine Dynamik greifen die Kundenwünsche schnell und disruptiv auf und entwickeln technische und kommunikative Strukturen, die dies ermöglichen – wenn Folgendes klar ist:

- *Kunden:* Der Kunde bestimmt, was benötigt wird. Er weiß mehr als je zuvor, will im Dialog stehen, mitbestimmen und wünscht sich Service, und diesen bequem, schnell, flexibel. All das ermöglichen digitale Strukturen.
- *Strategie:* Für die Digitalisierung eines Unternehmens muss eine Strategie geschaffen werden, die dieses neue Kundenprofil und -verhalten zur Grundlage hat. Diese digitale Strategie muss vom Management gefördert und gelenkt werden, und sie berührt das gesamte Unternehmen, vom Investitionsplan bis zur Unternehmenskultur.
- *Geschäftsmodell:* Daraus entwickelt sich ein erfolgreiches Geschäftsmodell, das neu gedachte Produkte, Dienstleistungen und Services hervorbringt, die der Kunde nachfragt.
- *Marketing und Vertrieb:* Sie sind gleichzusetzen mit einer guten Kundenkommunikation. Als logischer Schritt müssen sie digital strukturiert werden, um dem Kundenverhalten gerecht zu werden und erfolgreich zu sein.

Wem dies nun zu schnell und zu abstrakt war: Keine Sorge, das Buch nimmt Sie mit auf die Reise zu Ihren Kunden, zu Ihren Chancen, wenn Sie digital zu denken und handeln beginnen, und zu den digitalen Möglichkeiten, die Ihnen – und dem gesamten Mittelstand, ja, der gesamten Wirtschaft – zur Verfügung stehen, um auf Dauer erfolgreich zu bleiben.

2 Erwartungen moderner Kunden – digital, serviceorientiert und interaktiv

Steht der Kunde an erste Stelle, vollzieht sich das digitale Denken beinahe von allein. Denn das meiste von dem, was dieser will, braucht, wünscht und erwartet, lässt sich digital wesentlich effizienter und für beide Seiten gewinnbringender abbilden als analog. Kunden sind allerdings nicht immer die aktiv treibende Kraft – gerade im B2B-Bereich wäre das geradezu paradox, schließlich sind die Kunden hier zugleich Unternehmer. Wären sie alle bereits digitalisiert beziehungsweise digital fordernd, wäre dieses Buch hinfällig. Trotz dieser bidirektionalen Rollen und Beziehungen sowie der Trägheit vieler Unternehmer und Kunden: Jedes Mal, wenn sie etwas Neues vorfinden oder angeboten bekommen und ausprobieren, für gut erachten und wechseln, stoßen sie Veränderungen an. Es liegt also an deren Gegenüber, ob sie das tun oder jemand anderes sie beeinflusst, zufriedenstellt, an sich bindet.

Das gilt ganz grundsätzlich für Kunden aus allen Branchen, Abteilungen, Generationen und Bildungsständen, doch es gibt natürlich die eine oder andere Gruppe, die hervorsticht und sich bemerkbar macht, wenn es um Wandel und Digitalisierung geht: Dies sind zum einen die jungen, digitalen Generationen, zum anderen alle IT-, Technik- und Kommunikationsaffinen sowie diejenigen, die keine Angst vor Veränderungen haben. Diese Gruppen – so schwammig sie auch definiert sein mögen – kreuzen als Kunden in allen Teilen der B2B-Welt bereits auf und werden vieles verändern. Denn der Kunde ist nicht mehr König im klassischen Sinne, sondern in einem sehr modernen: Er bekommt immer das, was er will – irgendein Hersteller beziehungsweise Dienstleister wird sich schon anbieten, Produkt oder Service werden sich gewiss finden lassen. Wenn der bekannte Partner es nicht schafft, dann eben ein anderer. Im Zweifel wird es selbst gemacht und direkt als nächste Geschäftsidee weiterverarbeitet.

Hinzu kommt, dass der Kunde nicht immer genau weiß, was er braucht, und explizit danach sucht – und Bedürfnisse decken lässt, die er zumindest bewusst bis dato gar nicht hatte. Für träge Unternehmen bedeutet dies: Selbst wenn Kunden nicht nach Veränderungen fragen oder sie gar fordern – wenn ein Wettbewerber mit einem Mehrwert in Erscheinung tritt, wird er ihn zu schätzen wissen. Mit diesem Verhalten nimmt der Kunde nicht nur Einfluss auf Güter jedweder Art und den Kundenumgang, er beeinflusst zudem Arbeitsweisen und Geschäftsstrategien – und zwar im Unternehmen des Anbieters genauso wie im eigenen.

2.1 Die digitalen Generationen sind Kunde, Mitarbeiter, Partner – und sie sind online

Ob bewusst oder unbewusst, wenn die digitalen Generationen als Kunden in Erscheinung treten, bewegen sie so einiges. Die mutigen Wilden – dies sind oft die jungen Digitalen – stürmen ja bereits vor und konstruieren den Markt aktiv mit, als Kunden und als Anbieter, während viele ältere oder vorsichtige Status-quo-Bewahrer starr bleiben, diese unerfahrenen »Konkurrenten, die ihre Geschäfte zerstören« nicht verstehen und neue Blickwinkel gar nicht erst suchen. Beide Gruppen könnten viel voneinander lernen und profitieren, doch das passiert noch immer viel zu selten und führt dazu, dass die Vorteile der Digitalisierung für die B2B-Arbeitswelt und -Geschäftswelt unterschätzt werden.

Doch auch die digitalen Generationen selbst werden regelmäßig unterschätzt. Ob das auf Erfahrungs-, Intellekt- oder Respektebene zu Recht passiert, spielt eigentlich keine Rolle. Entscheidend ist, dass sie in für die Arbeits- und Wirtschaftswelt wirklich relevanten Bereichen zu selten berücksichtigt werden: Die neuen Generationen haben einen natürlichen Zugang zur Digitalisierung, da sie die Welt gar nicht anders kennen. Sie haben ein anderes Wettbewerbsdenken, sehen Zurückhaltung von Informationen oder Patenten eher als Störfaktoren, fordern bidirektionale, interaktive Kommunikation, trauen sich etwas – weil es ihnen Sicherheit bietet, wenn sie sich kontinuierlich weiterentwickeln können – und fühlen sich in disruptiven Umgebungen und im Wandel als solchem wesentlich wohler als die Generationen vor ihnen. Diese wiederum haben oft die Man- und Moneypower, starke Beziehungen und die Infrastruktur, sträuben sich aber, all dies mit den digitalen Themen zu vermengen.

Gerade als Mitarbeiter oder Geschäftspartner wollen die digitalen Generationen effizient und zielgerichtet arbeiten, Redundanzen vermeiden, Neues ausprobieren. Zudem stellen sie grundsätzlich alles infrage – und greifen dann zum Smartphone, um Lösungen oder Alternativen zu finden. Sie machen nicht alles so wie ihre Vorgänger, nur weil es doch funktioniert hat und irgendwie noch immer tut. Sie werden seltener in den Kontaktdaten ihrer Vorgänger blättern – die im Zweifel sowieso nur analog vorliegen –, um ihre Ansprechpartner zu finden. Sie werden googeln und die alten Player immer wieder stehen lassen – gar nicht aus Böswilligkeit oder bewusst, sondern schlicht bedingt durch ihre üblichen Verhaltensmuster.

Wissen ist so wichtig wie nie zuvor, das gilt ganz besonders für die Jungen. Doch dieses Wissen wird nicht mehr langwierig erlernt und in klassischen Aktenordnern dokumentiert. Das übernehmen jetzt Google oder Wikipedia und im Büro hoffentlich auch ein Intranet. Dabei steht Sicherheit bei den Jungen ebenso hoch im Kurs wie bei den Älteren, sie wird allerdings völlig anders definiert: Sicher fühlt sich der studierte oder gut ausgebildete (End-)Zwanziger nicht in einem Unternehmen, das es seit zig Jahren gibt und das noch genauso arbeitet. Er fühlt sich auch nicht sicher, wenn er tagein tagaus gleiche oder gar stupide Aufgaben abarbeiten muss, die er in- und auswendig kennt. Ganz im Gegenteil machen solche Strukturen die digitalen Generationen nervös, denn sie laufen konträr zu ihren bisherigen Lebenserfahrungen. Sicherheit bedeutet für sie, in Bewegung zu bleiben, stets Neues zu lernen, sich weiterzuentwickeln, mit der Zeit zu gehen – und so viel wie möglich digital und automatisiert zu erledigen, ob privat oder beruflich.

Und beruflich sind sie mittlerweile überall, das heißt in jeder Branche und auf jeder Ebene, vom Praktikanten bis zur Führungskraft und zum Unternehmer. Vor einigen Jahren noch die Generation Praktikum, nehmen sie nun immer mehr Positionen mit Entscheidungsbefugnis ein. Die älteren von ihnen sind schließlich Mitte 30, was hier so viel bedeutet wie digitalisiert, ehrgeizig und offen für Innovationen. Unproduktive und langsame Strukturen – vor allem, wenn sie analog sind – fallen ihnen schnell negativ auf und werden durch automatisierte Vorgänge abgelöst, möglichst sofort. Mit ihrer ganz selbstverständlichen Affinität zur Digitalisierung können sie den Arbeitsalltag und die bestehenden B2B-Kontakte eines Unternehmens vollständig umkrempeln. Damit werden manche Strukturen, Erfahrungen, Begrifflichkeiten zwangsläufig verloren gehen, die bislang vorausgesetzt wurden, während andere nachrücken. Für die einen mag das Gutes verheißen, für viele scheint es noch immer ein Graus.

Doch genau diese zweite Gruppe sollte sich überlegen, warum dem so ist und wie sie aus diesem Denken und dem daran gebundenen Handeln herauskommt. Wahrscheinlich taucht sie als (bisheriger) Anbieter digital nicht an den richtigen Stellen auf, kann Fragen nicht schnell und unkompliziert beantworten, sondern bietet einen Telefontermin an und wartet nie mit neuen Ideen auf. So wird es aber für die jungen Digitalen wesentlich schwieriger, sie als Partner – also als Arbeitgeber oder als B2B-

Anbieter – überhaupt in Betracht zu ziehen. Für die Jungen bedeutet, neue Wege zu gehen, zwar nicht, um jeden Preis alles
bisher Dagewesene fallenzulassen, sondern alte, langsame und
unflexible Strukturen loszuwerden. Diese finden sie leider zur
Genüge vor.

Bietet der bekannte Partner aber Vorzüge und zeigt sich innovativ, so werden die Jungen ihn eher fordern oder mit ihm Neues
zu entwickeln versuchen – und zwar unabhängig davon, ob es
der Unternehmer aus dem Dorf nebenan ist oder aus Kambodscha. Die digitalen Generationen haben keine Schwierigkeiten
damit, Beziehungen auf der ganzen Welt zu pflegen – warum
sollte es bei Geschäftsbeziehungen anders sein? Hinzu kommt,
dass sie immer weniger Dinge so wie früher im Gedächtnis behalten und kein kleines Adressbuch mit sich tragen, in welchem
die engsten Partner festgehalten sind. Sie sind sprunghafter, nutzen andere Erfahrungswerte – nämlich die ihrer Netzwerke oder
die der Referenzen – und googeln im Zweifel erneut, wenn sie
jemanden brauchen. Oder fragen eben ihr Netzwerk, Facebook
oder YouTube. Wenn das bekannte Partnerunternehmen sich
dort nicht zeigt, nirgends, wird es in Vergessenheit geraten.

Die Auslöser selbst drücken

Im Klartext bedeutet das: Nicht nur der Markt ist disruptiv, die
Player mit ihren vollständigen Strategieschwenks sind es auch.
Der Maschinenbauer kann sich »plötzlich« zum Lohnfertiger
entwickeln, wenn er seine Maschinen nicht mehr nur verkauft,
sondern auch vermietet. Das ist weder abwegig noch neu. Was
viele Unternehmen jedoch erst im Augenblick dieses Wandels
beim eigentlich zufriedenen und langjährigen Partner begreifen
ist, dass dieser zum Ex-Partner wird, weil er für seine neuen Herausforderungen ganz andere Lieferanten und Partner benötigt,
und zwar möglichst schnell. Die Wahrscheinlichkeit, dass starre
Unternehmen hierbei mithalten können, sinkt mit ihrer eigenen

analogen Schwerfälligkeit. Haben sie sich noch nicht auf den Weg des digitalen Denkens gemacht, werden sie dem mutigen Partner weder helfen noch folgen, geschweige denn vorangehen können.

Grundsätzlich wissen viele Unternehmen, dass diese Veränderungen passieren und sie mitgehen müssen. Sie sehen sich dabei aber oft genug mitten im gerade angedeuteten Henne-Ei-Problem: Wenn die anderen digitalisieren, können wir ja mitgehen, aber bis dahin? Wieso müssen wir die ersten Schritte machen, unsere Partner reißen sich doch gar nicht um einen Wandel? Falsch. Sie sind möglicherweise noch nicht (so) aktiv dabei und haben die Notwendigkeit noch nicht erkannt. Bald aber werden sie schnellere Systeme und mehr Service benötigen – und die Anbieter, Lieferanten, Partner wechseln, wenn sie das nicht bekommen.

2.2 Personalstrukturen neu denken – Entscheider gibt es auf jeder Ebene

Die digitalen Generationen rücken in allen Unternehmensbereichen nach und werden zudem aus den genannten Gründen in Firmen, die digital denken möchten, immer öfter in Entscheidungsprozesse eingebunden – schließlich haben sie ein Händchen dafür, analoge und bremsende Aspekte zu identifizieren. Dadurch werden sie noch mehr zu »Influencern«, und zwar unabhängig von ihrer Position im Unternehmen. Dabei legen sie nicht allzu viel Wert auf Hierarchien und Uniformen und suchen agile und flexible Strukturen. Sie wundert es nicht, dass 63 Prozent der Non-C-Suite-Mitarbeiter Entscheidungen beeinflussen, 24 Prozent sogar wesentlich – und schließlich zu C-Suite-Mitarbeitern werden.[1] »C-Suite« meint dabei alle Führungspo-

---

[1]   Millward Brown: *Digital. B2B Path to Purchase*. Google 2014.

sitionen, die mit »Chief« (C) beginnen, zum Beispiel CEO (Chief Executive Officer) oder CFO (Chief Financial Officer).

Personalwechsel auf diesen Ebenen können ungeahnte Konsequenzen haben – die neue Arbeitswelt kann sich mit ihrer Dynamik auf viele Ebenen auswirken. Stellt ein Unternehmen einen neuen Vertriebsleiter ein, weil der bisherige in den Ruhestand geht, kann dies zu massiven Umbrüchen führen, geplant oder ungeplant. Das Unternehmen kann bewusst zu einem »jungen Wilden« greifen, um neuen Schwung in die Abteilung zu bringen. Oder, nicht weniger wahrscheinlich, der Fachkräftemangel hat die Qual der Wahl in Maßen gehalten und der Neue passt eigentlich nicht so richtig ins Team oder in die klassischen Strukturen, wie man es sich gewünscht hätte: Weil er innovativer denkt und handelt als der Vorgänger oder als der Chef. Um sich zu beweisen und den Job gut zu machen, greifen solche neuen Mitarbeiter ganz bewusst auf ihr eigenes Netzwerk zurück – oder versuchen, neue Wege zu gehen. Der Vorgänger hat seit fünfzehn Jahren mit dem Lieferanten zusammengearbeitet, okay – aber warum? Und wie intensiv hat er dieses Verhältnis, die Konditionen und den Wettbewerb während der Zeit wohl kritisch begutachtet? Stößt der Neue dann auf attraktivere Lieferanten mit besserem Service und neuen Leistungen, eröffnen sich für ihn geradezu ungeahnte Möglichkeiten, sich zu beweisen. Mit solch einer Philosophie bewegen sich heute viele Menschen auf dem Arbeitsmarkt: »Zeig, dass du besser bist, dass du neu und frisch denken kannst.«

Unternehmer, die nun darüber nachdenken, ob sie dieses frische Denken in ihren Reihen zulassen wollen, sollten nicht vergessen, dass ihr eigener Einfluss darauf bei ihren Kunden noch geringer ist, die Veränderungen dort aber umso schwerwiegender sein können. Denn nochmals: Der Kunde ist der entscheidende Punkt, und sein Verhalten hat sich in den letzten Jahren massiv verändert, mit Konsequenzen für Vertrieb, Marketing und Kommunikation. Der forsche neue Mitarbeiter könnte also nervig erscheinen – die Kunden werden ihn womöglich lieben.

B2B-Dinosaurier sind viel zu langsam

Es sollte inzwischen jedem klar sein, dass der »Digitalisierungs-wahn« nicht nur den B2C-Bereich oder den Endkonsumenten betrifft. Oder ist im B2B-Geschäft alles völlig anders? Warum? Weil es andere Menschen sind? Weil kein Einkäufer, Marketing-leiter oder Unternehmer online einkauft, weder Sportler, Auto-besitzer, Schuhträger oder essender Mensch sein kann? Dabei sind es schon jetzt genau diese »B2C-Kunden«, die im B2B-Be-reich Entscheidungen treffen. Warum sollten diese in ihrem Be-rufsleben auf Steinzeittechniken mit viel Aufwand und langen Wegen zurückgreifen, wenn sie in ihrem Privatleben gewohnt sind, Einkäufe mobil, flexibel und eben online zu tätigen? Wenn sie selbstverständlich zum Tablet oder Smartphone greifen, um an Informationen zu kommen, Informationen weiterzugeben, sich auszutauschen – wieso sollten sie diese Strukturen bei der Arbeit aufgeben?

Wenn dann beispielsweise ein bislang unbekannter Zulieferer online die richtige Strategie fährt und positiv auffällt, ist der Wechsel weg vom alten Lieferanten, der seinen Kunden nicht mehr zeitgemäß abholt, vorprogrammiert. Zuerst vielleicht bei einem neuen Service oder Produkt, doch wenn er sich hierbei bewährt, wird die Rechtfertigung dafür, beim alten Anbieter zu bleiben, immer schwerer fallen. Unnötig wäre sie ohnehin.

Hinzu kommt, dass die Zahl der Player in unseren volatilen und globalisierten Märkten sprunghaft wächst. Da steht nicht mehr nur der altbekannte einheimische Lieferant von nebenan vor der Tür, sondern ein rumänischer oder chinesischer oder in-discher Anbieter ist ebenfalls da, digital, und bietet das Produkt oder allein die Flexibilität an, die man gerade benötigt. Im B2B-Geschäft geht es gar nicht immer um den einen Euro mehr oder weniger. Das Argument, mit Dumpingpreisen nicht mithalten zu können, ist zwar in einigen B2B-Branchen, etwa bei Auto-mobilzulieferern, durchaus wichtig – dort geht es in der Tat um jeden Cent –, meist jedoch wenig relevant, besonders mit Blick auf das Gesamtergebnis. Und wenn neue Anbieter sich bewähren, in ersten kleinen Aufträgen Konstanz, Zuverlässigkeit und zuverlässigen, schnellen Service bieten, spielt es kaum noch eine Rolle, wie weit weg sie tatsächlich sitzen.

Wer also mit dieser neuen Generation von Entscheidern arbeiten will, muss sofort beginnen, sich eine digitale Strategie zu überlegen. Denn solche Veränderungen brauchen diese Zeit – während die digital denkenden Partner und Wettbewerber unter Umständen schon den nächsten Sprung planen. Wieso also sollte sich eine Firma jetzt eine teure Maschine kaufen, die sie die nächsten Jahre über auslasten und abbezahlen muss? Welche Alternative gibt es? Und wie lässt sich das eigene Unternehmen strategisch so aufstellen, dass es nicht von jeder Veränderung bedroht ist, sondern sich flexibel zeigt und mitgeht, wenn sich Markt beziehungsweise Kundenwünsche wieder wandeln? Genau dieses Umdenken muss nicht nur auf der Produktionsebene, sondern auf allen Ebenen passieren – also auch in Vertrieb und Marketing.

2.3 Gutes Marketing heißt Kommunikation auf Augenhöhe – schnell und bidirektional

Viele B2B-Profis bestehen heute noch darauf, dass es schlicht nicht nötig, nicht gefragt und nicht angemessen sei, über Online-Strategien nachzudenken, ob im Vertrieb oder im Marketing generell. Dass Messe, Printwerbung und die eigene Webseite doch schon ein guter Mix seien – und der Kunde gar nicht darauf bestehe, online einzukaufen. Erstens ist dies meist falsch und zweitens gefährlich. Kunden (und Mitarbeiter) haben in vielen Bereichen des Konsums und Einkaufs bereits ihr Verhalten geändert, ob privat oder geschäftlich. Also müssen Sie spätestens jetzt die ersten Schritte in das »Neuland« Digitalisierung testen und nicht aus Angst vor Neuem abwarten. Denn Sie werden es ohnehin tun müssen, vielleicht etwas später, aber dann eben mit mehr Druck, mehr Wettbewerb und noch weniger Zeit.

Das heutige Verhalten der Partner als Konsumenten, Käufer und Kunden hat gerade im Vertrieb schon längst die Weichen für neue Strategien und Vorgehensweisen gestellt – das muss akzeptiert und von den eigenen Vertriebs-, Marketing- und Kommunikationsabteilungen in gewinnbringende Formen umgesetzt werden. Das beginnt mit dem Verständnis der einzelnen Aufgaben, die Vertrieb und Marketing ausführen, denn diese sind eng mit den Erwartungen und Ausgangslagen der Kunden verknüpft. Werden Letztere aber nicht in die Vorgehensweisen involviert oder überhaupt reflektiert – spielen sie in der Entwicklung von Produkten, Services und Unternehmensstrategie also keine Rolle –, können weder Kunden noch Unternehmen zufriedengestellt werden. Im Vertrieb ist dennoch wenig bis gar nichts passiert. Warum? Weil hier nicht »mal eben« Abläufe verändert werden können. Weil hier lange Wege nicht nur im Arbeitsalltag gegangen werden, sondern auch bei jeder Entscheidung, die Strategie oder Geschäfts- und Arbeitsmodelle betreffen.

Wer dann noch in starren und sturen Werbestrukturen festhängt, wird hier umdenken müssen, denn so lässt der Kunde von heute sich nicht mehr ködern. Konkret bedeutet das, dass Kaltakquise und penetrante Werbung grundsätzlich nicht mehr passend sind. Sie sind vergleichbar mit aufdringlichen Kellnern, die vor dem Restaurant auf ihre Gäste einreden, während man sich in Ruhe umschauen will, die Karte überfliegen, andere Lokale begutachten, Freunde nach einem Tipp fragen und schließlich auf sein Bauchgefühl reagieren will. Im richtigen Augenblick kann der versierte Kellner natürlich eingreifen und die Entscheidung beeinflussen. Dazu muss er aber erkennen, ob es überhaupt eine Chance zur Zusammenkunft gibt – ob sein Steakhaus einem Veganer prinzipiell zusagen kann – und in welchem Stadium sich der interessierte Gast gerade befindet.

Dies lässt sich zum einen digital wesentlich besser abbilden als analog vor einem Restaurant. Zum anderen muss der Vertriebler dem potenziellen Kunden aber zunächst zugestehen, die ersten Schritte selbst getan zu haben, und andeuten, dass er für weitere Informationen oder den direkten Kontakt offen ist.

Jeder kann das aus eigener Erfahrung nachvollziehen – wir alle kennen diese Vorgehensweise, wir sind schließlich selbst Käufer, ob im B2C- oder im B2B-Bereich. Dabei lassen wir uns entweder von sinnvollen Ideen, Produkten oder Dienstleistungen einnehmen, oder wir begeben uns gezielt auf die Suche. Mit den neuen Wegen können Unternehmen zum einen subtiler arbeiten, zum anderen wirklich relevante Information und den tatsächlichen Wert der eigenen Produkte vermitteln – und damit genau das, was der Kunde braucht. Unaufdringlich, aber effektiv.

So erhält zum Beispiel ein Mittelständler im Maschinenbau viele zusätzliche Kundenanfragen, seit Videos seiner Prüfmaschine auf der Homepage zu finden sind. Die ein- bis zweiminütigen Filme führen Funktionen und Bedienung rasch und einfach vor Augen. Andere platzieren ihre Case-Studys als Videos im Netz und zeigen auf diese Weise, welche konkreten Umsetzungen mit ihren Maschinen, Produkten oder Dienstleistungen möglich sind. Das Ergebnis? Potenzielle Kunden müssen sich dadurch nicht mehr aus dem Nichts eine Lösung überlegen oder mehr oder weniger auf gut Glück Unternehmen kontaktieren, die unter Umständen eine Lösung für das bestehende Problem vorweisen könnten. Jetzt werden sie ganz konkret mit ersten Ideen bedient, und zwar im besten Fall nach einer kurzen Suche im Netz und auch ohne dass es zuvor Kontakt gegeben hat – Neukundenakquise per Klick, sozusagen. Denn das folgt als Vorteil aus der Anonymisierung, die wir im Internet beobachten – und die der ein oder andere Vertriebler als Gegenargument anbringt, da auf diese Weise keine vertrauensvolle Basis aufzubauen sei:

Der potenzielle Kunde spart Zeit, weil er sich selbst einen Überblick verschaffen kann, ohne zig Unternehmen anzurufen.

Findet er schließlich etwas Anschauliches, das kurz und knackig genau die Informationen liefert, die er sucht, kann er gleichzeitig einen ersten Vertrauensvorschuss geben, der nur geringe Risiken birgt – er hat ja gesehen, dass eine gewisse Kompetenz vorhanden ist. Vielleicht hat er noch einige Referenzen begutachtet und alles mit ein, zwei oder drei anderen Anbietern verglichen. Der nächste Schritt folgt ebenso leicht, denn nun geht er mit einer ganz anderen Voraussetzung in ein Telefonat: »Ich habe Ihre Prüfmaschine im Netz gesehen. Für unsere Bedürfnisse und Bauteile müsste man sie allerdings umrüsten. Kriegen Sie das hin?« So ein Anruf ist der wertvollste Schatz des Vertriebs: ein Lead, generiert durch ein cleveres und skalierbares Puzzlestück der Online-Strategie. Solche Strukturen führen laut einer Roland-Berger-Studie von 2015 dazu, dass der Einkaufsprozess bereits zu 57 Prozent abgeschlossen ist, wenn Entscheider erstmals einen Vertriebsmitarbeiter kontaktieren.

Dass dann ein kompetenter und professioneller technischer Vertrieb folgen muss, steht außer Frage. Zum einen werden der Vertrauensvorschuss unmittelbar belohnt und die Kompetenz, welche durch die Testmaschine angedeutet wurde, weiterhin belegt. Zum anderen schafft der Vertrieb erneut Vorteile, nämlich Zeit: Beide Seiten können unmittelbar viel konkreter in das Gespräch einsteigen und sofort über Details reden. Der Vertrieb kann sich noch dazu in seiner Expertise austoben und dort ansetzen, wo es wirklich spannend wird. Und Spaß macht: keine völlig blinden Ausschreibungen mit viel Streuverlust, kein Durchforsten der *Gelben Seiten* und Kaltakquise mit geringen Aussichtschancen bei hohem Zeitaufwand, weil 90 Prozent der Unternehmen doch nicht passen.

Hinzu kommt, dem Kunden noch ein weiteres Potenzial zuzuschreiben und ihn wesentlich stärker in die eigene Marketingstrategie einzubeziehen. Die Zeiten von Unternehmen als Blackboxen sind ohnehin längst vorbei und bidirektionale Kommunikation ein wichtiger Bestandteil jeglicher Kundenbeziehung. Statt dies nur als weitere zeit- und geldraubende Investition zu sehen – man muss sich mit Facebook herumschlagen und sein Wissen umsonst preisgeben –, sollten die Unternehmer endlich die Vorteile dieser Kanäle und Umgangsformen erkennen, denn so lässt sich jede Bewegung der Kunden für die eigene Optimierung und damit für den Gewinn nutzen. Passiv und aktiv können wichtige Erkenntnisse generiert werden – wenn man denn will. Die Kunden regelmäßig nach Feedback fragen, in neue Ideen oder Produkte einbinden und sie diese mitgestalten lassen rechnet sich doppelt. Außerdem sinkt die Gefahr, etwas zu entwickeln, das nachher niemand will. Zudem werden die Beziehungen gefestigt und die Ideen optimiert. Hier versalzen mehrere Köche den Brei nicht, ganz im Gegenteil.

Die berechtigte Frage lautet: Wie findet man diese Kunden? Und, besonders im zweiten Schritt beim (Performance-)Marketing: Wann macht die Zielgruppe genau das, was man als Anbieter beabsichtigt? Denn es geht nicht mehr vorrangig darum, wie viele potenzielle Kunden ein Unternehmen mit einer Aktion oder einem Kanal erreicht hat, sondern wie viele tatsächlich anrufen, ein Angebot anfordern, ein Geschäft abschließen. Diese Konversionsrate sollte im Mittelpunkt stehen, und zwar von Anfang an, also auch bei der entsprechenden Budgetierung. Das mag für den einen oder anderen widersprüchlich klingen, soll doch eigentlich stets der Kunde fokussiert werden, es ist aber lediglich die andere Seite der Medaille: Wenn die Kunden zufrieden sind und potenzielle Kunden vermehrt die Produkte oder Dienstleistungen nachfragen und schließlich kaufen, weil sie überzeugen, gut sind und zudem gefunden werden – dann sind beide Seiten in der Gewinnzone. Praktisch umgesetzt bedeutet dies: Finden Sie heraus, was die Kunden möchten und versuchen Sie, ihnen genau das und möglichst noch ein bisschen mehr zu bieten. Das geht nun mal nicht mehr nur über die alten Kanäle Messe, Printanzeige und Anrufe, dafür sind sie zu unflexibel, unidirektional und langwierig.

Transparenz und Vertrauen, Service und Mitsprache

Kunden wollen weder mühsam nach Informationen suchen noch möchten sie einseitigen Input erhalten. Stattdessen möchten sie sich einbringen und gleichzeitig effizient mehrere Quellen und viel Wissen vereinen – B2B-Kunden sind schließlich Geschäftsleute, sie müssen und möchten ihre Netzwerke pflegen, auch digital. Wieso also nicht welche mit gleichen Interessen aufbauen, bei denen man nicht jedes Mitglied einzeln abholen muss und bei denen gegenseitig Vorteile durch Geben und Nehmen erwachsen? Eine Hürde in den Köpfen der Unternehmer und Vertriebler muss hier als Erstes weichen: Informationsfreigabe, Transparenz, Wissenstransfer müssen gewollt und möglich sein. Es müssen keine Unternehmens- und Verkaufsgeheimnisse preisgegeben werden, aber der Kunde ist ohnehin schlauer und wissbegieriger als vor zwanzig Jahren. Wenn der Geschäftspartner nicht mithält, wackelt das Vertrauen viel mehr, als es wächst.

Natürlich haben sich besonders die älteren Unternehmen mit viel Kraft und Investition ihr Wissen aufgebaut, das will ihnen niemand absprechen – sie tun es jedoch selbst, wenn sie es nicht so nutzen und verbreiten, wie es heute möglich und nötig ist. Auch hier ist eine durchdachte, nachhaltige Strategie nötig, um sein Know-how vorteilhaft einzusetzen. Gelingt dies, können Whitepaper, Case-Studys und Referenzen Gold wert sein. Sie können Fantasien wecken, die der Kunde umgesetzt sehen will, und zwar mit dem Unternehmen, welches diese geweckt hat. Doch dafür ist ein gewisser Vertrauensvorschuss erforderlich, Patente hin oder Geschäftsgeheimnisse her. Sie werden sich indirekt lohnen, wenn Kunden überzeugt werden und sich binden. Dies schafft ein Unternehmen nicht über Werbung, sondern über gutes Marketing und clevere Kommunikation.

Dabei ist es nie verkehrt, das direkte Gespräch zu suchen, um seine Kunden zu verstehen. Bei Bestandskunden funktioniert das auch heute noch ganz wunderbar – allerdings nicht bei allen

Themen und Aufgaben: Man muss nicht jedes Mal eine Stunde mit dem Vertrieb seines Lieferanten sprechen und zuvor dafür Termine vereinbaren, wenn man nur die übliche Nachbestellung tätigen will. Dafür hat zum einen niemand mehr Zeit, zum anderen will und muss sich diese niemand mehr nehmen. Drei Klicks, eine Bestätigung, fertig. Termine, Telefonate und Treffen ergeben Sinn, wenn der Partner eine neue Idee hat, der Kunde eine neue Anforderung, beide vorangehen möchten.

Bei potenziellen Neukunden hingegen können Zeit-, Informations- und Streuverluste gerade bei analogen Methoden immens sein: Warum sollte man mit Unternehmen über Angebote, Produkte, Dienstleistungen sprechen, die man gar nicht benötigt? Warum sollte man potenziellen Kunden Informationen mündlich liefern, die er ohnehin in Bild und Text, hoffentlich digital, erhält, um sie sich in Ruhe anzuschauen? Und wie soll ein Unternehmen in den Dialog gehen, wenn es eine Anzeige schaltet?

Eine Anmerkung in eigener Sache sei mir an dieser Stelle erlaubt. Seit Beginn meiner unternehmerischen Tätigkeiten duze ich all meine Kunden, Kollegen, Mitarbeiter und Partner, mit denen ich geschäftlich in Verbindung stehe. Unabhängig jedweder Altersunterschiede oder gar Hierarchiestufen tue ich dies bewusst, weil das Siezen Barrieren aufbaut und somit Distanz schafft. Es geht mir hierbei mitnichten um mangelnden Respekt oder Unhöflichkeit, sondern darum, gemeinsam, offen und authentisch zu kommunizieren und kooperativ zu agieren, gerade und vor allem mit Kunden. Digitales Denken beginnt bereits hier: Wir müssen Grenzen im Kopf abbauen, mutiger werden und Neues wagen, dafür können wir keine steifen Floskeln gebrauchen.

Nun wird Ihnen sicher aufgefallen sein, dass ich Sie als Leser dieses Buches dennoch sieze. Dies ist dem Fakt geschuldet, dass wir uns nicht direkt begegnen und das Duzen in so einem kalten Einstieg noch immer einen grenzüberschreitenden, zu offensiven Eindruck erweckt. Grundsätzlich sollten wir uns alle jedoch

davon lösen, solch künstliche kommunikative Hindernisse als
respektvoll zu erachten. Distanz hilft uns nicht weiter, wenn es
um gemeinsames, mutiges Handeln geht.

Wer eine Messe will, kann sie digital haben – immer und jederzeit

Auf Messen mag das vielleicht noch klappen, aber selbst da kann
das Preis-Leistungsverhältnis geradezu grotesk werden, abgesehen von der starren Umsetzung: Steht der Messestand erst einmal, müssen Kunde wie Anbieter damit leben. Zudem: Wie oft
knüpfen Unternehmen wirklich Erstkontakte auf Messen, die
tatsächlich zu Aufträgen führen – und sich im Kontext der Mes-
sekosten rechnen? Die Zielgruppe, die sich auf der Messe tum-
melt, wird mehr oder weniger die richtige sein. Wer aber genau
jetzt eine Stanze sucht oder sie benötigen könnte, ohne dass er
es schon weiß, steht niemandem auf der Stirn geschrieben. Deshalb kommen die Vertriebler mit 170 Visitenkarten potenziell
Interessierter von solchen Messen zurück – und wahrscheinlich
mit zig Visitenkarten von anderen Unternehmen, die ebenso
versucht haben, einen Kontakt herzustellen. Dennoch: Der Kunde macht aufgrund seines Bedarfs einen aktiven Schritt, indem
er eben diese Messe besucht und sich selbst einen Eindruck verschafft. Auf diese Art betrachtet lässt sich argumentieren, dass
Messen wichtig sind und zu Kontakten führen.

Doch ebenso gilt: Was dieser Suchende einmal im Jahr auf der
Messe tut, ist aufwendig, langwierig und teuer. Was er jeden Tag
im Internet macht, ist grundsätzlich das Gleiche: suchen, Informationen sammeln, sondieren. Der Unterschied liegt darin, dass
er es dort umsonst, schnell und einfach tun kann – und jeden
Tag. Das Internet ist sozusagen eine riesige Messe, die für jede
Branche, Zielgruppe und jeden Bedarf das Passende vorrätig
hat, unbefristet, orts- und zeitunabhängig.

Das Verhalten des Kunden lässt sich im Netz zudem digital

erfassen und nutzen. Hier kann das Marketing mit gezielten Aktionen wesentlich genauer auf die Zielgruppe eingehen – und sie vor allem nicht unnötig »belästigen«, also mit Aktionen schubsen. Denn im Internet steht der Bedarf eben doch auf der Stirn der Suchenden geschrieben oder genauer, in seinen Suchmaschinen oder seinem Browser. Das unternehmerische Pendant mit der entsprechenden Lösung kann dies aufgreifen, denn er kann bestimmte Suchbegriffe und spezielles Suchverhalten filtern.

Gibt jemand den für den Maschinenhersteller relevanten Suchbegriff ein – nehmen wir erneut das Beispiel »Stanze« –, wird er auf die Webseiten dieses Stanzenherstellers geleitet, verweilt dort, lädt ein Whitepaper herunter, schaut sich ein Video an. Der Hersteller kann sofort darauf reagieren und ihn gezielt mit einem – automatisiert erzeugten und skalierbaren – (Gesprächs-)Angebot abholen, das zu seinem Suchverhalten passt. Wenn dieser potenzielle Kunde darauf reagiert, hat der Vertrieb einen Lead, zuvor aber keine stupide oder aufwendige Arbeit. Dann kann er sein Know-how einsetzen, den potenziellen Neukunden detailliert abholen und schließlich den Abschluss machen. Die Quote ist bei solch einem Vorgehen wesentlich höher als bei der Kaltakquise, der Aufwand hingegen deutlich geringer und die Kosten für den Vertriebsmitarbeiter auch.

Bei schlecht angewandten digitalen Methoden verhält es sich ähnlich wie bei analogen, das sollte klar sein. Ob Webseiten ohne Struktur, ohne Free Content, Shop oder direkte Kontaktmöglichkeiten, ob Werbebanner auf Seiten, auf denen niemand sie sieht, oder Pop-up-Fenster, die jedermann nerven: Wenn es nicht strategisch durchdacht und clever umgesetzt ist, verpuffen auch diese Anstrengung, das Geld, die potenziellen Kunden, und Mut und Überzeugung der Unternehmer. Diese schlechten Erfahrungen treiben viele nach einem Versuch zurück zu den guten, alten Strategien. »Da weiß man, was man hat – auch wenn es wenig oder nichts ist.« Das ist grundfalsch, denn so wird das, was man hatte, zu nichts. Die Fehler müssen genutzt werden, um es besser zu machen. Der Kunde sieht dies genauso beziehungsweise die Fehler erst gar nicht: Er wird eine zukünftige Zusammenarbeit nicht verweigern, nur weil ein Unternehmen vor den richtigen Ansprachen und Kanälen zwei falsche ausprobiert hat. Er wird diese wahrscheinlich gar nicht bemerkt haben, Informationsflut sei Dank.

Was der rote Ferrari uns sagen kann

Aufgrund des Overkills an Werbebotschaften sind wir permanent damit beschäftigt, Informationen zu filtern, Wichtiges von Unwichtigem zu unterscheiden, Fake von Wahrheit, Relevantes von Redundantem. Unsere Aufmerksamkeitsspanne ist in den letzten Jahrzehnten nicht gewachsen, sondern gesunken – früher konnten wir noch fünf bis neun Informationen oder Szenarien gleichzeitig verarbeiten, heute sind es drei bis sieben. Das hat allerdings nicht nur mit Verlust zu tun, sondern ebenso mit Effizienz. Schließlich liegen alle Informationen jederzeit und überall für uns bereit, wir müssen sie uns demnach nicht wirklich merken oder sie verinnerlichen. Es reicht, sie zu finden, über sie hinwegzufliegen, sie zu nutzen, wenn man sie braucht, danach sofort zu vergessen, weiterzuziehen und bei Bedarf erneut abzurufen.

Ob diese Entwicklung insgesamt als kritisch zu bewerten ist, sei dahingestellt – und nicht Aufgabe des Mittelstands. Dieser sollte seinen Kunden zunächst das bieten, was sie wollen, und das sind leicht und allzeit zugängliche, strukturierte und auffindbare Informationen. Das mag zu Unmengen an Daten führen, aber es geht schließlich darum, seine eigenen so wertvoll zu gestalten und präsent zu platzieren, dass sie herausragen.

Im Marketing ist diese Datenflut geradezu gigantisch geworden – von einer »Informationsflut« lässt sich hierbei allerdings nicht sprechen, schließlich hat die Werbebranche das Konzept so ad absurdum geführt, dass kaum noch Informationen genutzt, sondern stumpfe Angriffe auf Herz und Portemonnaie vorgenommen wurden. Der Kunde ist König, aber dumm und emotional? Mitnichten! Er fordert heute nicht nur mehr Informationen, er ist zudem informierter denn je. Schaltet ein Unternehmen also eine Anzeige – ob analog oder digital –, so werden all diejenigen sie nicht wahrnehmen, die keinen Bezugspunkt, keinen Bedarf oder kein Interesse haben. In der Fachzeitschrift blättern diese nicht interessierten Leser einfach weiter, im Internet scrollen sie darüber hinweg oder nehmen Banner und ähnliches gar nicht erst wahr.

Sie gehen gezielt auf Informationssuche, wenn sie welche benötigen – und erfassen nur die Informationen, die sie wirklich brauchen oder die sie berühren. Alles andere wird übersehen, überlesen und überhört. Das muss passieren: Bei bis zu 10.000 Botschaften, die täglich auf uns einprasseln, musste unsere Wahrnehmung selektiv werden und anfangen, auf ganz spezifische Reize zu reagieren, während andere unberücksichtigt bleiben. Genau deshalb sehen Menschen plötzlich überall Ferraris, wenn sie darüber nachdenken, sich selbst einen zuzulegen. Deswegen glauben junge Eltern, auf einmal überall Kinder zu sehen, die vorher gar nicht da waren. Diese selektive Wahrnehmung klingt möglicherweise gruselig oder hinderlich, doch das muss sie nicht sein.

Ganz im Gegenteil lässt sie sich heute durch personalisierte Online-Werbung nutzen. Sie lässt sich vor allem einbetten in ein umfassendes Bild des Kunden und seines Wegs. Es sollte selbstredend sein, dass diese Vorgehensweise effizienter ist. Das Spiel wird nicht nur umgedreht, sodass der potenzielle Kunde nun den ersten Schritt macht, Vertrieb und Marketing können zusätzlich Schritte überspringen. Ersterer muss nicht mehr telefonisch kalt angreifen, und das Marketing muss keine Aktionen starten, die zum großen Teil ohnehin verpuffen.

Digitalisierte Abläufe – mehr Zeit, Geld, Motivation und Erfolg

Gleichzeitig bleiben gewisse bekannte Strukturen erhalten, werden aber skalierbar und erlösen Mitarbeiter von schrecklich stupiden Aufgaben: Virtuelle Assistenten, die bei der Beratung unterstützen, tragen einen weiteren Teil dazu bei, die Abläufe noch effizienter zu gestalten. Es gibt schon heute richtig gute Chatbots, welche die Kunden kaum noch merken lassen, dass sie mit einem Programm sprechen. »Watson« von IBM, eine künstliche Intelligenz, beispielsweise entlastet Mitarbeiter in zahlreichen Unternehmen weltweit dabei, Fragen zu beantworten und Kunden glücklich zu machen. 70 Prozent aller Fragen sind ohne Probleme durch Watson lösbar – die Zeiteinsparungen belaufen sich je nach Branche auf 25 und mehr Prozent. Und es geht nicht nur um Schuhe: Ob Cybersecurity, Medizin, Versicherung, Steuern, es sind schlicht riesige Datenmengen, die Watson trotz hoher Komplexität in einem Bruchteil der bislang »händisch gebrauchten« Zeit zusammenstellen kann. Für den Vertriebler bedeutet das, mindestens 25 Prozent trivial vertaner Arbeitszeit zur sinnvollen Verfügung zu haben, in den meisten Fällen ist es wesentlich mehr.

Ein Großteil dieser hier gemeinten Kundenfragen ist in dem Sinne trivial, als dass sie sich ständig wiederholen – und dadurch für den Vertrieb und das Unternehmen abstrus ineffizient sind. Im B2B-Bereich gibt es diese zuhauf, allerdings ebenso häufig komplizierte, umfangreiche und vor allem individuelle Anfragen, deren Antworten sich nicht mal eben auf 80 Prozent des Kundenstamms umlegen lassen. Dennoch ist digitale Unterstützung auch bei komplexen Investitionsgütern und ihren individuellen Fertigstellungen und Ausgestaltungen möglich. Digital bieten sich Konfiguratoren an, wie sie beim Autokauf eingesetzt werden, die es erlauben, große Teile des unnötigen, aufwendigen Vertriebsgeschäfts beim Kaffee vor Ort zu ersetzen. Der Kunde kann orts- und zeitunabhängig seine Anforderungen angeben und das Produkt vorbereiten. Das kann er, weil er das nötige Know-how hat – oder sich aus dem Internet besorgt, und zwar immer häufiger. Und ja, der Vertriebler kann dennoch mit dem Kunden einen Kaffee trinken gehen, wenn beide dies möchten.

Kunden, Anbieter, Vertriebler, Mitbewerber, Branchen – alle sind in Bewegung

Im B2C-Bereich kommt der Autokäufer folglich bestens vorbereitet ins Autohaus, sodass der Verkäufer wesentlich weniger Einflussmöglichkeiten hat als früher: auf die Motorisierung, die Farbe, die Felgen oder die Ausstattungsdetails ebenso wenig wie auf die finale Kaufentscheidung. Er kann Sonderfeatures individuell passend vermitteln, die Probefahrt möglichst angenehm gestalten und vorteilhaft umsetzen, den Nachlass verhandeln. Wie noch vor wenigen Jahren den unsicheren Kunden bei Budget und Modell intensiv zu beeinflussen, das ist nun immer seltener Teil seines Aufgabenfelds. Das machen Kunden jetzt zuvor mit sich selbst aus – im Netz, auf der Couch, mit Konfiguratoren und Vergleichsportalen.

Und auch das muss nicht mehr lange so bleiben, denn der nächste Entwicklungsschritt auf dem Automarkt steht bereits an: Demo-Autos, die der Kunde mit einer Virtual-Reality-Brille besteigt und sich so alle zur Verfügung stehenden Konfigurationen der Ausstattung nach Belieben simulieren lassen kann. Ford beispielsweise rüstet seine Autohäuser bereits entsprechend um – und macht seine Verkäufer praktisch zu Moderatoren einer virtuellen Welt, in der der Kunde sich unbegrenzt austoben kann. Es mag also sein, dass wir in einigen Jahren noch weniger Verkäufer mit wiederum anderen Spezialisierungen benötigen – wenn aus Autohäusern Showrooms werden, die 24/7 geöffnet sind und in denen sich der Empfang um die Brillen und Kaffee kümmert, während die Kunden sich von virtuellen Assistenten durch die

Autos führen lassen. Ob die Autoverkäufer vollständig wegrationalisiert werden, kann angezweifelt werden, auch wenn Käufer 2017 bis zum Verkaufsabschluss im Schnitt nur noch 1,2 Mal zum Händler kamen, während es früher circa sieben Mal waren, wie Conrad Fritsch, Head of Digital Marketing bei Mercedes-Benz, feststellte. Dass sie neue, komplexe, technikbezogene Aufgaben werden erledigen dürfen und erst kurz vor Vertragsabschluss Relevanz erhalten, ist hingegen jetzt schon ein Fakt.

Für den B2B-Bereich bedeutet das, diese Entwicklungen mit wachem Auge zu beobachten und neue Ideen, digitale Produkte, technische Hilfeleistungen dafür zu konzipieren. Und sich damit sichtbar zu machen, online.

Online-Marketing zerstört den klassischen Vertrieb nicht – es unterstützt ihn

Die digitalen Helferlein arbeiten dem Vertrieb also zu. Allein die Webseiten mit all ihren Funktionen und Service-Angeboten müssen richtig gute Arbeit leisten, damit der Vertriebler seine machen kann. Wenn ein potenzieller Kunde nicht erkennen kann, ob ein Unternehmen die Manpower hat, die Erfahrungen, Maschinen, Logistik et cetera, wird er wahrscheinlich gar nicht erst den direkten Kontakt suchen – zu aufwendig, zu intransparent, zu unsicher. Vor allem aber wird irgendein Wettbewerber diese Informationen wohl aufbereitet präsentieren – und sich beziehungsweise seinen Vertrieb nur einen Klick entfernt platzieren. Das gilt ebenso für einfache Nachbestellungen für Bestandskunden, digitalisiert können sie jede Menge Komfort bringen und Zeit sparen.

Vertrauen lässt sich hier also »rational« aufbauen: Die Überzeugungsarbeit wird nicht mehr bei jedem einzelnen Kunden geleistet, sondern – ebenso »emotional« wie früher – durch die digitale und skalierbare Weitergabe von Wissen. Jeder kann sich dieses Wissen aneignen, wann und wo und wie er möchte. Ohne sich zu binden, ohne etwas zu kaufen, das ist ebenfalls richtig. Doch der entscheidende Punkt ist: Wenn es für ihn bequem und wertvoll ist, diesen Partner zu haben, wenn diese freien Inhalte ihn auch technisch und qualitativ überzeugen, wird er über kurz oder lang auch anderen Service und weitere Produkte erfragen. Und für wirklich »geheimes« Wissen, das aus sinnvollen Gründen nur bestimmten oder festen Kunden zugänglich bleiben sollte, lassen sich fein justierbare Zutrittsbarrieren schaffen, die mit Kontaktdaten, Zugangscodes oder Identifikationssystemen arbeiten – und auch das ist skalierbar und effizient. Wenn ein Unternehmen die anderen, extrem redundanten Teile des Kontaktaufwands digitalisiert, skaliert und transparent gestaltet, ist man einen großen Schritt weiter.

Was die digitalen Gegebenheiten uns ermöglichen, schließt ein Vorgehen »auf gut Glück« aus: Unternehmen müssen niemanden mehr nerven, sondern können in den meisten Fällen warten, bis der Kunde den ersten Schritt macht und Interesse zeigt – wo auch immer man hier ansetzen beziehungsweise einschreiten möchte, ob bei einer verwandten Suchanfrage bei Google oder YouTube, einem Besuch der eigenen Webseite, einer Messe. Tut er das, können die Aktionen in Angriff genommen werden – seitens des Vertriebs kommt dann Freude auf. Wichtiger als das ist jedoch die Tatsache, dass der Kunde endlich so angesprochen wird, wie er es heute erwartet.

Online kann jeder Protagonist abgeholt werden – und der Kunde besteht aus vielen

Bevor der Vertrieb allerdings sein Fachwissen für den Abschluss ins Spiel bringen kann, muss der Interessent entdeckt und aufgefangen werden – und hier zeigt sich eine spezifische Problematik im B2B-Bereich: »Der Interessent« ist in diesem Markt irreführend, denn es ist selten nur eine Person, die von der ersten Anfrage bis zum Kauf alle Schritte vollzieht. Dies ist nichts Neues, doch oft genug werden selbst diese klassischen Strukturen nicht stringent beachtet und die übliche Rollenverteilung im Einkaufsprozess nicht berücksichtigt.

Jeder erfahrene Verkäufer oder Marketingleiter weiß, dass außer dem eigentlichen Nutzer, beispielsweise ein Techniker, auch der Einkäufer und dessen Einkaufsleiter, der eigentliche Entscheider, ein potenzieller Gatekeeper (Informationsfilterer) und diverse Influencer (Meinungsführer) den Kaufprozess beeinflussen. Ebenso sollte ihm bewusst sein, dass andere in den Such- und Kaufprozess involviert sind, die Vorarbeit leisten und Informationen sammeln, aber weder Entscheidungsgewalt noch alles erforderliche Know-how besitzen. Das ist grundsätzlich den meisten klar, allerdings wird es selten in die Marketingstrategie einbezogen. Was zu dem besagten Effekt führt, dass der erste Versuch im Online-Marketing schiefgeht und zu den guten alten Strukturen zurückgekehrt wird.

Was passiert also, wenn beispielsweise ein Auszubildender mit der Vorauswahl der Angebote für ein Stanzteil bestimmter Größe beauftragt wird, das in hohen Stückzahlen in möglichst präziser Ausführung geordert werden soll? Dieser Azubi wird schon bei der Google-Suche andere Stichworte eingeben als ein Techniker, möglicherweise nur »Stanzteil« statt einer präzisen Beschreibung. Werden beide mit gleicher Zuverlässigkeit auf Ihre Seite geführt? Finden beide Besucher dort Erläuterungen in angemessener Informationstiefe, ohne dass die Seite unübersichtlich wird? Ist die Webseite so gestaltet, dass sie auch einen jungen Sachbearbeiter anspricht, der sich bei seinen Recherchen auf ein oberflächliches »Die Seite sieht ganz gut aus« verlassen muss? Oder wirkt sie bei ehrlicher Betrachtung etwas gestrig, weil Layout und Benutzerführung vor zehn Jahren entstanden oder aus einem uralten Baukasten stammen?

Gehen wir von einer anderen Alltagssituation aus: Der Techniker selbst sucht nach möglichen Anbietern. Anders als ein technischer Laie ist er an möglichst präzisen Details interessiert,

an technischen Spezifikationen, Informationen über den Her-
stellungsprozess, Zertifizierungen und Referenzen. Findet er
diese schnell und problemlos? »Die Leute können uns ja anrufen!«, heißt es auf solche Fragen häufig. Klar, könnten sie – tun
sie aber immer weniger. Überall herrscht Zeitdruck, überall
muss es schnell gehen. Kaum jemand hat Lust, sein Überstun-
denkonto mit Warteschleifen, Weiterverbinden und »Ist gerade
nicht am Platz, können wir Sie zurückrufen?« zu füllen, zumindest dann nicht, wenn es bequemere Alternativen gibt. Je
benutzerfreundlicher Ihre Homepage ist, je schneller und einfacher sie es Besuchern macht, desto mehr wird sie zu einem
echten Vertriebstool, das Ihnen regelmäßig zusätzlichen Umsatz
beschert. Es lohnt sich also, konsequent von der Zielgruppe her
zu denken und verschiedenen Instanzen das jeweils Passende
und Gewünschte zu bieten.

Das verdeutlicht auch ein weiterer Fall: Wenn der Einkaufsleiter sich aufgrund eines hohen Investitionsvolumens gleich selbst
einen Eindruck verschafft – oder wenn er die drei Ergebnisse,
die ein Sachbearbeiter vorselektiert hat, kritisch prüft. Als Kauf-
mann kommt er weder mit dem technischen Detailblick eines
Mitarbeiters aus der Entwicklungsabteilung noch mit dem Lai-
enblick für den oberflächlichen Ersteindruck, sondern er sucht
betriebswirtschaftliche Informationen. Steht irgendwo eine
exemplarische Kostenrechnung? Gibt es ein Anfrageformular,
mit dem kurzfristig ein erstes Angebot eingeholt werden kann?
Sein Vorgesetzter, der Inhaber oder Geschäftsführer wiederum
wird an der Bonität und Verlässlichkeit des Unternehmens interessiert sein. Spricht der Online-Eindruck dafür, dass dieses
Unternehmen solide aufgestellt ist und auch in fünf Jahren noch
existiert, sodass man sich nicht schon bald einen neuen Lieferanten suchen muss? Jede gut funktionierende Webseite erfüllt also
eine Reihe von Service- und Vertriebsfunktionen. Wer erzählt,
Ihre Seite sei lediglich Ihre »Visitenkarte im Netz«, ist noch nicht
im 21. Jahrhundert angekommen.

Das alles lässt sich in den Griff bekommen. Zwar nicht unbedingt über automatisiertes Tracking, also die Verfolgung der Kunden und ihres Verhaltens – auch wenn es entsprechende Tools hierfür gibt –, aber durch gesunden Menschenverstand kombiniert mit strategischem Vorgehen. Das ist doch schließlich der Vorteil am B2B: Kunden sind Anbieter sind Kunden. Jeder in diesem Business kennt die Denk- und Verhaltensmuster, er muss sie nur auch entsprechend umlegen und nutzen. Wenn Sie für Ihr Unternehmen eine neue Maschine oder einen Service brauchen, beginnen Sie weder als Geschäftsführer noch als Manager oder technischer Vertriebler mit der Anschaffung. Meist suchen Fachexperten, Sekretärinnen, Einkäufer, je nach Branche, Bedarf, Unternehmensgröße. Parallel werden vielleicht Azubis mit der Recherche beauftragt – und jedes Mal werden andere Geräte verwendet, wird mit einem anderen Wissensstand, Fokus und einer anderen Wahl der Suchbegriffe gearbeitet. Dies alles digital und automatisiert nachzuvollziehen, ist komplex und teuer. Es muss aber vor allem gar nicht sein, denn das verkaufende Unternehmen kennt all diese Know-how-Stufen und Vorgehensweisen und kann sie zu einem hohen Grad nutzen, um sich auf dieser Reise geschickt zu platzieren.

Wenn mit unterschiedlichen Wissensständen gerechnet wird, können all diese aufgefangen werden. Mit fachspezifischem Inhalt und entsprechender Terminologie allein wird weder der Azubi noch die Sekretärin zurechtkommen. Was umgekehrt bedeutet: Wirft man auf dem Kanal, in dem zunächst recht allgemein und wenig fachspezifisch gesucht wird, mit Expertensprache um sich, wird diese Kampagne verpuffen, ungehört und unbeachtet. Auf dieser Informationsebene muss grundsätzlich jeder verstehen, worum es geht. Auf einer zweiten, kaufmännischen Ebene wiederum müssen der Nutzen und die Preis-Leistungs-Relationen im Vordergrund stehen, um diesen Teil der Zielgruppe abzuholen und ihr das zu bieten, was sie benötigt. Und schließlich braucht es für die technisch Versierten aus dem

Käuferteam ein professionelles Niveau, auf dem sie die erforderlichen fachinternen Inhalte erhalten.

In anderen Branchen beziehungsweise Unternehmen mit eigener Forschung sind es wiederum Entwickler und Techniker, die auf den ersten Blick weder die klassische und bekannte Zielgruppe darstellen noch die zu erwartenden Suchbegriffe verwenden. Der Lebensmittelhersteller benötigt dann ein Produkt, das in der metallverarbeitenden Industrie beheimatet ist – während ein Unternehmen aus ebendieser nach speziellen Bodenbelägen sucht. Querdenken wird in solchen Kontexten noch herausfordernder, hinzu kommt die mangelnde Motivation der Unternehmer, sich auf dieses zunächst kleiner scheinende Gewinnpotenzial einzulassen. Dass solche Peanuts sich ausbauen lassen, entscheidende Türen für weitere Absatzmärkte öffnen oder neue Produkte entstehen lassen können, lässt sich nur mit Weitblick und Mut erkennen. Mit anderen Worten: mit einer neuen Strategie und digitalem Denken.

Beim Unternehmen als Partner gilt ein ähnliches Prinzip: Nur weil es eine ähnliche Maschine auf seiner Webseite hat oder in einer ähnlichen Branche tätig ist, heißt das noch lange nicht, dass es das eigene Angebot wirklich interessant findet – besonders, wenn dieses so allgemein formuliert ist, dass es möglichst viele »irgendwie« ansprechen kann. So oberflächlich und ungenau funktioniert zwischen Geschäftspartnern weder der Vertrieb noch die Kommunikation, schon gar nicht, wenn Letztere authentisch und bilateral sein soll. Der Streuverlust ist zu hoch, die Redundanz auch, selbst bei Bestandskunden.

Das scheint aber vielen gleichgültig zu sein. Wenn man sich die Kontaktlisten mittelständischer Unternehmen – es können sogar Hidden Champions sein – anschaut, erschreckt man regelmäßig: Unabhängig von Absagen und Änderungen in den Unternehmen werden sie bei jeder Aktionsrunde gleichermaßen kontaktiert. Bemerkungen: »2007 bereits umgerüstet«, »Ansprechpartner 2009 gewechselt« oder auch »2011 verstorben«.

Unter Service und Kundenpflege verstehen die meisten etwas anderes. Das ist die Herausforderung im B2B-Bereich: Alle eingebundenen Personen – selbst wenn sie noch so weit weg vom traditionellen Kundenmuster sind – müssen mit ihrem Know-how und ihren Funktionen bedient werden. Dies muss erstens so geschehen, dass jede Zielperson in ihrer Funktion es verstehen, ihren Nutzen erkennen, ihren Job machen kann und die gefundenen Produkte schließlich intern weiterempfiehlt. Zweitens dürfen und sollten auch potenzielle Kundengruppen in neue Branchen oder Abteilungen einbezogen werden. Dafür müssen die verwendeten Suchbegriffe bekannt sein und aufgegriffen werden. Die bevorzugten Kanäle – ob analog oder digital, ob Google oder Facebook, ob am PC oder mobil – müssen bespielt, die Kanalwechsel berücksichtigt – was lesen die Zielgruppen lieber online oder gedruckt, was mobil oder am PC – und ein gesunder Mix aus Offline- und Online-Methoden genutzt werden. Denn erneut müssen diese Konsequenzen der Digitalisierung nicht zwangsläufig bedeuten, dass Messen und Broschüren hinfällig geworden sind, sie müssen nur ökonomisch clever genutzt werden. Hinzu kommt natürlich der eigene USP, der es schafft, das Produkt und das Unternehmen vom Wettbewerb abzusetzen.

Es geht in jeder Branche – und mit jedem Produkt

Der Schraubenhersteller Würth als B2B-Player zeigt sich beispielsweise mit seinem Online-Shop für Gewerbetreibende als professionelles und serviceorientiertes Beispiel, und zudem als Unternehmen, das seine Strategie digitalisiert. Denn es ist viel mehr als nur der Online-Shop, der auffällt: Auf seiner Serviceseite gibt das Unternehmen nicht nur Produktnews und Tipps zur Fassadengestaltung oder Schraubennutzung, es bietet Handwerkern auch Tipps für ihr Online-Marketing oder den Umgang

mit Facebook. Der Materialhändler wird also zum Marketing-
berater seiner Kunden.

Es sind genau solche Strategien, die – in ein digitales Gesamt-
konzept eingebunden – Unternehmen Vertrauen bescheren,
Außenwirkung schaffen und Kunden binden. Dank Videoportal,
App, zig Konfiguratoren und einer Seite zum Baustellen-Projekt-
management, aber auch mit »analogen« Seminaren scheinen die
Kaffeetermine mit dem Vertriebler ausgedient zu haben. Die
Grundidee: Gib das Beste von dir umsonst, dann lässt sich alles
verkaufen. Etwas überzogen, aber doch wahr. Wenn ein Unternehmen Teile seines Expertenwissens – das der Vertriebler ohnehin als Vertrauensvor- und -nachschuss ins Spiel gebracht hätte,
nur eben zeitaufwendig bei jedem einzelnen Kunden – preisgibt,
es teilt und mit weiteren Serviceleistungen verbindet, werden die
Kunden dies honorieren. Sie werden das Unternehmen weiter-
empfehlen und die angebotenen Produkte oder Dienstleistungen
kaufen – weil es bequem ist und schnell geht. Er wird zudem
auch anderes zu kaufen bereit sein, zusätzlichen Service, weiter-
führende Beratungen oder eben das, was das Unternehmen in
Zukunft mit seiner neuen Geschäftsidee verwirklichen wird.

Die aktive Beteiligung am Kundenleben und den Entwicklungen der eigenen Branche ist hierbei ein geschickter Zug – und
erneut ein Bereich, den viele Unternehmer und Manager nicht
berücksichtigen, weil sie zwar versuchen, digital zu arbeiten,
aber sich noch immer wehren, digital zu denken und den Kunden mit seinem Verhalten in ihre Strategie einzubinden. Und so
bleiben sie gleich an mehreren Aspekten dieser Vorgehensweise
hängen, wobei die Herausgabe von Informationen und die Zusammenarbeit mit dem Wettbewerb besonders herausstechen.
»Wie sollen wir Umsatz damit machen, dass wir unser Wissen
umsonst und noch dazu vor der Konkurrenz preisgeben?«

Die Antwort ist vor dem Hintergrund unserer aktuellen Gesellschaft beinahe trivial: Der Umsatz kommt über glückliche
Kunden, und diese kommen heute einfach nicht mehr über stupi-

de, pushende Marketingwege. Also muss der Anbieter aufhören, nur an klassische Werbung zu denken, und sich stattdessen auf authentische Kommunikation einlassen, auf Austausch – und zwar nicht nur mit Kunden und nur über die eigenen Webseiten, sondern mit allen Playern aus der Branche.

2.4 Kooperation anstatt Konkurrenz – näher an die Kunden rücken

Online-Communitys und -Plattformen erlauben genau das. Irrigerweise schrecken davor noch immer viele zurück, vermuten Konkurrenzkampf, Ideenraub und Kundenverlust. Doch es hilft nichts: Es ist heute besonders im B2B-Bereich unerlässlich, in einen echten Dialog zu treten. Nicht, weil wir das angebliche Risiko brauchen oder suchen, sondern weil Kunden als Partner Kommunikation auf Augenhöhe fordern. So entsteht in der aktuellen Geschäftswelt Vertrauen, und das Beste daran ist: Im Gegensatz zu Ein-zu-eins-Gesprächen im Vertrieb sind die hier gemeinten Formen skalierbar. Je größer die Community, desto größer die Reichweite, und das Ganze auch noch in vielfache Richtungen. Während Unternehmer früher teilweise langwierig und aufwendig nach Lösungen oder den passenden Partnern suchen mussten, können sie nun auf ihre Communitys zurückgreifen und konkrete Fragen stellen. Gleichzeitig können und sollten sie ihre gefundenen Lösungen dort aktiv einbringen.

Natürlich muss es nicht ein Netzwerk sein, in dem ausschließlich der Wettbewerb diese weiterverarbeitet und für sich nutzt. Doch selbst das muss in unserer heutigen Marktform kein Nachteil sein, schließlich sind alle auf dem Weg zu Spezialisierungen, um Kundenwünsche noch besser aufzufangen und zu befriedigen. Die größten Erfolgsgeheimnisse und Patente werden dort nicht als Erstes in die Welt hinausgeschrien. Aber Lösungen für kleine Probleme wird man in solchen Verbünden nicht nur weitergeben, sondern genauso auch erhalten – und damit neben Zeit Ideen gewinnen, die jeder für sich und seine Kunden individuell weiterentwickeln kann.

Umso wichtiger ist es, sich in digitalen Communitys zu bewegen, die Kunden, Zulieferer und andere Mitglieder der eigenen Branche oder anderer mit ähnlichen Strukturen vereinen. Dort kann das B2B-Unternehmen sich mit wahrem Know-how präsentieren und mit Wissen glänzen, ohne dass Vorsicht waltet, weil man platte Werbung vermutet. Jedes Unternehmen kann sich mit anderen austauschen, wenn es um einen potenziellen Partner geht: Wie funktioniert die Zusammenarbeit? Welche Vorteile hat sie? Wie gehen sie mit Sonderwünschen oder zeitlichen Engpässen um? Welche anderen Anbieter gibt es noch? Solche Erfahrungswerte können goldwert sein – und sie sind schneller und flexibler zur Hand als es analog möglich wäre, mit dem Firmenhandy sogar im wahrsten Sinne des Wortes.

Kein Risiko, sondern Vorteile für alle Seiten

Das gefühlte Risiko, erst einmal etwas geben zu müssen, bevor man etwas bekommt, hindert viele daran, aktiv zu werden, doch diese verkrustete Denkweise ist ein größeres und reelleres Risiko. Es wird Zeit, nicht in Konzepten wie Konkurrenz und Konfrontation zu denken, sondern Kooperation zu leben.

Mitarbeiter tun dies übrigens weitaus öfter als Chefs und Führungskräfte. Das liegt nicht nur daran, dass sie sich weniger eng mit ihrem Unternehmen verbunden fühlen. Sie sind meist näher am Kunden, an den Partnern und am alltäglichen Doing. Sie wissen schlicht um die Vorteile, die sich aus diesen Netzwerken ergeben, denn sie sparen Zeit und können ihre Ideen schneller weiterentwickeln. Außerdem geben sie keine Staatsgeheimnisse weiter, sondern einfache Lösungen, die sie für ihre ganz normalen Alltagsprobleme gefunden haben. Warum? Weil sie dafür selbst Lösungsangebote erhalten. Über Log-in-Strukturen und geschlossene Gruppen lassen sich hierfür Schutzräume gestalten, für die sich Mitarbeiter oder Unternehmen sozusagen erst bewerben müssen, indem sie beispielsweise zunächst selbst etwas einbringen.

Die Software- und IT-Branche sind hier Vorreiter und mittlerweile mit diversen offenen Communitys positiv aufgefallen: Sie fühlen sich in der digitalen Denkkultur sowieso zu Hause, haben auf einer generischen Ebene viele Probleme, die gemeinsam gelöst dennoch keine »Copycats«, also Nachahmer und Kopierer von Geschäftsmodellen, generieren, und wissen, wie wichtig schnelle Lösungen, professioneller Austausch und direkte Kommunikation sind. Solche Communitys entstehen aktuell in diversen Bereichen und Branchen. Es sind teilweise recht zaghafte Entwicklungen, doch die Ergebnisse zeigen immer wieder, dass es sich lohnt. Der Blick von innen auf die relevanten Marktteilnehmer bietet immer gute Anhaltspunkte und Hinweise, in welche Richtung sich eine Branche oder ein Marktteil entwickelt, was gesucht, gebraucht, gewünscht wird.

Wenn solch eine Plattform noch nicht existiert, kann es äußerst geschickt sein, selbst eine zu eröffnen: Das eigene Unternehmen hätte von Anbeginn eine besondere Position, könnte die Entwicklung beeinflussen und das Ganze noch intensiver als Branding-Instrument nutzen. Über Xing, LinkedIn und die eigene Datenbank ließen sich die ersten Mitglieder zusammenbringen, nachgefragte Themen planen, Lösungen vorbereiten. Gerade in altbackenen oder komplexen Branchen kann dadurch eine hohe Wirkung erzielt werden, denn dort muss zum einen sowieso mehr Bewegung kommen, zum anderen kann dort die Rolle eines Impulsgebers einfacher sein als in Branchen, in denen die Mehrheit ohnehin schon digital, innovativ und quer denken kann und will. Leider sind es Chancen, die viel zu oft nicht als solche verstanden werden. »Wenn es niemand macht, scheint es dort keinen Bedarf zu geben.« Das ist genau der falsche Ansatz.

Wer sich mit dem Gedanken partout nicht anfreunden kann,

konkret und direkt über seine Produkte, Dienstleistungen oder
Technik zu diskutieren, sollte dies als ernsthaftes Problem und
Bremse seiner Digitalisierung überdenken – und parallel auf
einer anderen Ebene ansetzen: Es können auch ganz andere
Themen sein, die offen geteilt werden und allen Beteiligten Vorteile bringen, ohne dass sie sich in Schwierigkeiten wägen. Eine
Community, die sich beispielsweise mit globalisierten Märkten
und interkultureller Kommunikation befasst, greift genau solche Themen auf: Wenn ein Unternehmen potenzielle Zielgruppen in Russland sieht und erste Kontakte knüpfen möchte, entstehen jede Menge Fragen und das ein oder andere Problem. Für
das besagte Unternehmen neu – für viele andere aber bekannt
und vor allem schon längst gelöst. Wie findet man die richtigen
Ansprechpartner? Welche Plattformen, Netzwerke oder Communitys sind dort besonders relevant? Wie kommt man in diese
Netzwerke rein? Und wie verhält man sich richtig, fair, partner-
schaftlich?

Es sollte doch offensichtlich sein, dass im B2B-Bereich und in
unserer heutigen disruptiven, globalisierten Welt genau solche
Strukturen überlebenswichtig sind: Unternehmen haben nun
mal keine Zeit, jahrelang alles ins kleinste Detail zu planen oder
zu perfektionieren. Dennoch können sie nicht wie Elefanten im
Glashaus durch die Welt poltern, wenn sie mit einer neuen Idee
oder einem neuen Produkt den Schmerz einer Zielgruppe aus-
merzen wollen. In den richtigen Communitys können sie aus
gemachten Fehlern lernen, durch den Austausch viele vermeiden und schneller und erfolgreicher Neues ausprobieren. Die
Digitalisierung bietet für ihre hausgemachte Komplexität auch
hausgemachte Hilfestellungen an. Man muss sie nur zu nutzen
wissen – und es dann auch tun. Dazu gehört nun mal, nicht in
Konkurrenzdenken zu verfallen, eigenen Input ohne sofortigen
und direkten Gewinn beizusteuern und mit allen gemeinsam zu
lernen.

Wer nun fragt, warum dieser Teil hier Eingang gefunden

hat – es geht doch gar nicht um Vertrieb – dem sei gesagt: Doch, das tut es. Denn zum einen tummeln sich in diesen Communitys die Kunden, zum anderen gehört all das heutzutage zum Marketing: Case-Studys, Whitepaper und Best Practices steigern die Reputation eines Unternehmens. Dazu müssen diese allerdings gesehen und gelesen werden. Und wenn der Weg zur eigenen Webseite noch nicht so verbreitet und geebnet ist, kommt der Berg eben zum Propheten. Ohne sich aufzuzwingen, bietet er genau das an, was in der Community gesucht und erwartet wird, schafft Vertrauen – und verlinkt natürlich seine weiteren Kanäle. Skeptiker mögen dies als Umweg bezeichnen, doch Kunden gehen heute viele unterschiedliche Kurven und Strecken auf ihrer Reise –»Customer-Journey« genannt –, ohne dass diese als Umwege bezeichnet werden können. Sie ergeben Sinn – und führen schließlich zum Ziel.

2.5 Den Kunden binden heißt ihn begleiten

Den Weg des Kunden zum Kauf eines Produkts oder einer Dienstleistung als Reise zu bezeichnen, ist keine vermessene Analogie. Ob digital oder analog, die Stationen, die Touchpoints, an denen er mit einem Unternehmen und dem Produkt in Berührung kommt, sind so zahlreich und vielfältig wie die Abschnitte einer Fernreise. Angefangen bei Printanzeigen, Fernsehwerbung, Messeständen, Flyern und Broschüren über Telefon, Fax und die lokale Präsenz mit Ladengeschäft oder Ausstellungsbereichen sind nun Suchmaschinenanzeigen, Webseiten, Newsletter, Online-Banner, -Shops, -Plattformen, -Communitys, -Foren, und diverse Formen von Information, ob als Free oder Paid Content, hinzugekommen – Wikipedia, YouTube, Facebook, Google, Xing, LinkedIn nicht zu vergessen.

Diese Berührungspunkte sind allerdings wesentlich wichtiger als Zwischenlandungen bei einer echten Reise – denn im heutigen Business ist auch der Weg das Ziel: Zum einen können Unternehmen mit den Touchpoints das »Reiseziel« des Kunden mitbestimmen, zum anderen können sie dieses Ziel und den Weg dorthin so optimieren, dass noch mehr potenziell Unentschlossene schließlich als Kunden bei ihnen landen. Für beide Maßnahmen brauchen sie Daten über das »Reiseverhalten« der Kunden. Sie müssen wissen, wo man sie findet, wie man sie dort erreichen und ansprechen kann und was genau sie wo und wie suchen.

Nehmen wir als Beispiel erneut den Stanzenhersteller. Dieser kann mit seinen Kunden oder solchen, die es noch werden möchten oder sollten, auf Messen in Kontakt kommen, wenn der potenzielle Kunde dort etwa eine Präsentation sieht. Parallel kann dieser zukünftige Kunde eine Anzeige in einer Fachzeitschrift entdeckt haben, mit einem Partner über die Maschinen des Herstellers gesprochen oder nach einer Suchmaschinenanfrage die Webseite des Herstellers besucht haben. Ebenso kann er auf den Seiten von Wettbewerbern gelandet sein oder bei journalistischen Beiträgen. Er kann einen Artikel über die Stanzenmaschinen gelesen, bei Wikipedia nach den entsprechenden Begriffen gesucht, ein Video eines bestehenden Kunden mit der Maschine auf YouTube gesehen oder einen Anruf vom Vertrieb erhalten haben. Die meisten dieser Touchpoints liegen im direkten Wirkungsbereich des Stanzenherstellers, er kann sie bestimmen, modifizieren, optimieren. Das Problem ist jedoch, dass er es oft nur aus seiner Perspektive tut – und dann mehr oder weniger schätzen muss, was beim Kunden gut ankommt.

Dieses Problem könnte er mit einem grundlegenden Ansatz bekämpfen: Den Fokus auf den Kunden setzen – oder anders ausgedrückt, sein Unternehmen digitalisieren. Wenn er sich intensiver mit den Wünschen und Erwartungen seiner Kunden auseinandersetzt, kann er ihnen den Weg bequem, effizient und ansprechend gestalten, ihn ebnen und planieren. Er muss sich diese Reise bewusstmachen und überlegen, was ein Käufer tut, bevor er tatsächlich kauft. Die Abschnitte der Wege stellen sich bei jeder Zielgruppe, jedem Kundenunternehmen anders dar, die Module dafür sind allerdings endlich und können vom Anbieter variabel gestaltet werden. Er muss also nicht bei jedem neuen Produkt, bei jeder neuen Kampagne oder bei jedem neuen Kunden bei Null beginnen, sondern kann sich aus seinem Baukasten bedienen. Wenn er sich zudem via »Targeting«, also die auf die Zielgruppe abgestimmte Nutzung von Marketingmaßnahmen, Tracking und Big Data an die digitale Auffindung und Verfolgung dieser potenziellen Kunden wagt, kann er diese Wünsche und Erwartungen nicht nur qualitativ und emotional analysieren, sondern auch quantitativ und mathematisch.

Die Strategie auf den Kunden fokussieren

Nochmals: Das Ziel von Produkt, Marketing, Unternehmensführung ist zunächst, den Kunden glücklich zu machen, nur so kann man erfolgreich sein. Wer macht schon Gewinne mit Kunden, die unzufrieden sind? Das zugrunde liegende Geschäftsmodell muss dies strategisch ebenso konstant berücksichtigen: Der Markt fragt nach Produkten und Dienstleistungen, die den Kunden schnell, einfach und effizient das bieten, was sie benötigen. Also müssen Unternehmen ihre Strategie danach ausrichten. Das sind natürlich Maschinen, Einzelteile, analoge Produkte – aber eben nicht nur. Kunden und Partner suchen heute auch nach Wissen, Nachhaltigkeit, Effizienz und Service. Wir alle haben Blut geleckt, seit wir mit wenigen Klicks nicht nur an physische Produkte kommen, sondern auch an Informationen und Zeit. Und genau damit können Unternehmen nun ihre Kunden glücklich machen: Sie denken mit, quer, neu – und schaffen Zusatznutzen.

Der Maschinenbauer kann weiterhin seine Maschinen herstellen und vertreiben, er kann sich aber zusätzlich Gedanken darüber machen, wie seine Kunden noch bequemer Ersatzteile nachbestellen oder ihre Maschinen auslasten, bedienen oder warten können. Er kann die Rechnungsbuchung digitalisieren oder Zusatzfunktionen entwickeln, die dem Kunden ein paar Handgriffe ersparen. Oder eine App anbieten, welche die Auslastung berechnet und die Auftragsabfolge optimiert. Wenn er seine Kunden kennt, kennt er möglichst andere Partner und kann somit Synergien schaffen, ein Portal zur Verfügung stellen, auf dem die Kunden nicht nur Informationen zu den Maschinen des Herstellers und Kontaktmöglichkeiten erhalten, sondern auch zu allen anderen Herstellern und Zulieferern. Oder er kann sich als Lohnfertiger anbieten, wenn seine Kunden Auftragshochs nicht stemmen können: »Ihre Maschine ist ausgelastet? Nutzen Sie unsere! Zudem holen wir Ihr Material und bringen es fertig zum Zielort.« Um etwas davon zu erkennen und umzusetzen – effektiv und mit hohem Nutzen –, müssen sie aus nächster Nähe wissen, was der Kunde braucht. Wie das geht? Mit einem digital gedachten Geschäftsmodell!

Was macht den Kunden nun glücklich? Wie findet er das, was er sucht? Häufig ist ein bestimmter Bedarf, um nicht zu sagen Schmerz, der Impulsgeber für seine Suche: Früher hätten wir zu den *Gelben Seiten* gegriffen, heute steigen wir digital ein – und bei allem Wissen des Kunden: Er sucht dieses zunächst online und durchaus recht generisch: Begriffe wie »Stanze«, »Schrauben«, »Metallplatten« tauchen öfter auf, als man auf den ersten Blick im B2B-Bereich annehmen könnte. Dies verschafft zunächst einen Überblick und führt weiter zu Details. Welchen Begriff beziehungsweise welches Produkt wir suchen mögen, ist dabei weniger wichtig als die Tatsache, dass wir in dieser Phase sehr selten nach Marken suchen, auch nicht im B2B-Bereich. Mittelständler, die sich wieder mal darüber beschweren, dass sie Geld ins Branding gesteckt und dennoch nicht sofort Neukunden gewonnen haben, sollten ihre Strategie erneut überdenken. Nicht, dass Branding, also Markenbildung, an sich völlig falsch ist, es muss nur als solches verstanden werden und keine Erwartungshaltungen schüren, die fehl am Platz sind. Branding akquiriert nicht vornehmlich schnell und kurzfristig neue Kunden, sondern soll Emotionen schaffen und Bindung bei Bestandskunden herstellen. Wer also Neukunden sucht, muss eine neue, wirklich effiziente Strategie erarbeiten, mit anderen Worten: eine digitale. Vielleicht mal eine, die den Kunden und sein Verhalten fokussiert. Denn Kunden mit einem Bedarf gehen über Inhalte an ihr Problem heran:»Was könnte die beste Lösung sein?« ist demnach die maßgebliche Frage, erst dann folgt:»Wer ist ein relevanter Anbieter für diese Lösung?« Oder anders, dem Kunden folgend, ausgedrückt: erst Informationen, Fakten, Inhalte, dann Hersteller, Kauf und Co. Nach der Phase des ersten Tarierens ist meist ein guter und direkter Vertrieb gefragt, denn im B2B-Geschäft kommt es – anders als häufig im Endkundenbereich – nun auf wirkliches Know-how an, auf Spezifikationen, Sonderwünsche, individuelle Gegebenheiten und Kontexte. Das lässt sich heute zwar bereits gut mit digitalen Lösungen abbilden, dennoch können und sollen Vertriebler hier aktiv werden.

3 Change immer und überall – digitale Strategien führen zu erfolgreichen Geschäftsmodellen

Alles dreht sich um den Kunden, und digital lässt er sich besonders effizient erreichen. So weit, so gut. »Können wir dann nicht einfach zwei, drei dieser Online-Kampagnen starten? Wenn dieses digitale Marketing so gut sein soll, muss das doch reichen?« Nein, das wird nicht reichen, denn so pflanzt man junge Setzlinge im falschen Klima, ohne Nährstoffe und auf Asphalt.

Um strategisch und mutig zu digitalisieren, muss zunächst die Sorge oder das unangenehme Gefühl abgelegt werden, das bei vielen entsteht, die sich damit auseinandersetzen, etwas zu ändern – etwas ändern zu müssen. Man kann den Wandel schlicht als neuen und spannenden Dauerzustand wahrnehmen, als Realität, an der nicht mehr zu rütteln ist. Es hilft niemandem, die Digitalisierung zu verteufeln und sie als gigantische Hürde aufzubauen, die es zu überwinden gilt – um dann endlich wieder Ruhe zu haben und sein eigentliches Geschäft fortzuführen. So schafft man sich einen Feind, den man nur schnell wieder loswerden will – und man vergisst den Kunden. Doch ohne diesen und ohne Rücksicht auf sein Verhalten wird es nicht gehen, egal ob analog oder digital.

Stattdessen sollten Veränderungen, Modifikationen und Innovationen viel mehr als anzustrebendes Ziel angesehen werden. Das gesamte Unternehmen muss sich darauf freuen, Neues auszuprobieren, eine neue Qualität von Kundenbeziehungen und Wettbewerb zu etablieren und ständig gefordert zu werden. Wer rastet, der rostet. Die digitalen Generationen machen es mit ihrer neuen Vorstellung von Arbeit vor und lassen sich als Analogie heranziehen: Sie möchten nicht stumpf acht Stunden am Tag irgendwie arbeiten, damit sie sich Familie, Wohnung, Hobby und

Urlaub leisten können. Der Job gehört bereits zum Leben, zum Lebenswerten – also muss er Neues bringen, Herausforderungen schaffen, lebenslanges Lernen und Wachstum ermöglichen. Wenn schon arbeiten, dann so, dass man dabei Spaß, Erfolg und Erfüllung gewinnt. Auf Unternehmen in der Digitalisierung übertragen bedeutet das: Wenn schon digitalisieren, dann so, dass es Erfolg bringt, Spaß macht und für die Zukunft wappnet. Und das ist nur mit einer klaren Strategie möglich.

Natürlich soll das nicht heißen, dass es ein Kinderspiel ist, diese neuen Geschäftsmodelle und Produkte hochzuziehen. Allein Letztere zu »entdecken«, sich vorzustellen, auszuformulieren und umzusetzen erfordert Arbeit. Arbeit ist der Mittelstand aber mehr als gewöhnt, das stellt keine Hürde dar. Es sind eher Denkstrukturen, Ängste und das gute Alte, was ihn meist daran hindert, voranzuschreiten und Neues anzugehen. Dabei gerät er allerdings in einen Teufelskreis, denn die Fallhöhe wächst mit dem Zögern: Je länger ein Unternehmer wartet, desto mehr kann er verlieren, er bleibt länger »satt« und fokussiert die Historie seines klassischen Gewinns. So steigt sein Risiko, und die Hürden werden größer. Ein paar Jahre später wird es nicht einfacher, ganz im Gegenteil.

Der neue Weg mag komplexer sein, holpriger. Bei neuen Produkten und Geschäftsmodellen muss man auch mal bei Null anfangen, das Pferd von hinten aufzäumen, träumen – oder seine Kunden fragen, die Wettbewerber beobachten, Rollen tauschen. Und ein wenig Mut beweisen, wenn es an die Umsetzung geht. Hinzu kommt die Bereitschaft, auch mal danebenzugreifen, eine Idee umzusetzen, die sich vielleicht doch nicht verkaufen lässt. Da der Markt und die Kunden heutzutage solche Tests im Kleinen erlauben, ohne dass diese existenzgefährdend sind, muss dringend der Wille wachsen, Neues zu probieren – denn nur aus Fehlern lernt man.

Im Silicon Valley etwa werden Unternehmer, die bereits gescheitert sind, sehr ernst genommen – sie haben sich die blutige

Nase schon geholt, aus Fehlern gelernt und den Mumm bewiesen, es noch einmal zu versuchen. Das sollte sich der Mittelstand zu Herzen nehmen. Fallen lernen und dann wieder aufstehen. Und mit Mittelstand sind ganz konkret vor allem Unternehmer und Führungskräfte angesprochen. Vielleicht sind wir hierzulande einfach nur viel zu erfolgsverwöhnt?

3.1 Mit der Überzeugung kommt die Unternehmenskultur – und die Kundenbindung

Das grundsätzliche Problem, die Relevanz der eigenen Digitalisierung nicht zu erfassen, hindert die meisten daran, sich wirklich an die Arbeit zu begeben. Immer wieder fehlt zunächst das Verständnis, was Digitalisierung eigentlich heißt und wofür sie gut sein soll. Ebenso häufig gibt es bereits erste Erfahrungen – denn so ganz taufrisch ist dieses Thema nun nicht mehr –, die mehr oder weniger unbefriedigend waren. Man hat es irgendwie versucht, ohne Erfolg, oder gar mit Schaden. Dabei haben diese gebrannten Kinder meist gar nicht richtig verstanden, was sie da überhaupt taten: War das Marketing, ein neues Produkt, Akquise, Verkauf, Imagepflege? Vielleicht wollten die Kunden das genauso wenig, schließlich haben sich die Zahlen nicht verändert? Und wie viele dieser Aktionen muss man denn überhaupt machen, um so richtig digitalisiert zu sein?

Kopfsache Digitalisierung

Solange Unternehmer sich diese Fragen stellen, fehlt es an Einsicht, denn es geht nicht um einzelne Projekte, sondern um das gesamte Bild der eigenen Firma – um eine grundlegende Veränderung in der Struktur, Kultur und Denkweise. Greift man an diesem Punkt an, erledigen sich die Fragen von selbst. Wenn aber irgendwo in den Weiten des Internets eine Bannerwerbung geschaltet wird oder ein Online-Shop vor sich hinsiecht, dann liegt der ausbleibende Erfolg nicht an der Digitalisierung und auch nicht am Azubi, der das mal eben machen sollte, weil er doch so jung und digitalaffin ist – sondern allein an der Führung des Unternehmens.

Jedem Unternehmer, ob veränderungswillig oder nicht, leuchtet sicher ein, dass er eine tragende, führende Rolle einnehmen muss, um diesen Weg mit allen gehen zu können. Die alten Silodenker sollten sich nicht zu früh freuen: Es geht nicht um Befehlsketten, es geht um die Wertigkeit und Schwere des Themas. Denn Strategie ist Chefsache, sie muss von oben mitgetragen, honoriert und vorangebracht werden. Es sind alle gefragt, wenn es um die neue digitale Strategie und das dazugehörige Geschäftsmodell geht, und das muss volles Engagement der Führung bedeuten. Die Mitarbeiter müssen sich mit dem Unternehmen identifizieren, sich der Unterstützung von oben sicher sein und ohne Hindernisse motiviert arbeiten können.

Dazu müssen sie Vorbilder haben, die sich in Richtung Digitalisierung und die damit zusammenhängenden Veränderungen vortrauen. Diese können von innen heraus erst dann erwachsen, wenn die Führung aktiv und offen dahintersteht. Mehr noch, sie muss auch aktiv vormachen, dass es der richtige Weg ist, dass es bereits Erfolgsgeschichten gibt, vielleicht auch anderswo. Allein schon deshalb, weil solch eine Entwicklung eines neuen Modells nie reibungslos abläuft, weil wahrer Mut und Experimentierfreude nötig sind, eine Fehlerkultur etabliert werden muss, Investitionen sowie Ressourcen umverteilt und gestellt werden müssen.

Jobs werden nicht wegrationalisiert, sie werden verbessert und noch effizienter und spannender gestaltet. Die Mitarbeiter werden durch diese Veränderungen hinzugewinnen, denn auch sie werden qualifizierter und professioneller. Der Umsatz wird steigen, das Unternehmen erfolgreich bleiben und seine Position halten oder sogar ausbauen. Das sind Aspekte, von denen viele Führungskräfte noch denken, dass sie Mitarbeiter nicht interes-

sieren, geschweige denn Kunden. Doch das ist eben nicht digital
gedacht.

Mitarbeiter werden digital – und sollten es auch

Unternehmer kommen nicht umhin, sich bewusst und fördernd
zu engagieren, ihren Mitarbeitern die Sorgen zu nehmen und sie
zum Umdenken zu motivieren. Denn viele werden an ihren gewohnten Strukturen festhalten wollen. Veränderungen sind für
uns alle eine Herausforderung – es lohnt nicht, dies zu verurtei-
len. Wenn man jedoch Transparenz schafft und die neuen alternativen Aufgabenfelder verdeutlicht, Weiterbildungen anbietet
und Zukunftsaussichten realistisch darlegt, wird der relevante
Kern der Belegschaft übrig bleiben und schließlich mitziehen.

Es gibt noch weitere Kräfte gegen die Digitalisierung: Der
Vertriebler kann sich verweigern, weil er seine ganz eigenen
Vorteile gefährdet sieht. Das können tatsächlich die entspann-
ten Zeiten sein, in denen er wirklich nur Kaffeetrinken geht, die
netten Messepartys mit den feinen Häppchen und guten Hotels.
Oder die Tatsache, dass der eigene Mann im Innendienst tätig ist
und nun Gefahr läuft, wegrationalisiert zu werden. Oder die eigene Bequemlichkeit, die Unlust, Neues zu lernen, und die Hoffnung, in zehn Jahren einfach in Rente gehen zu können, ohne
sich vorher noch zu quälen. Vergleichbare Bedenken gibt es in
vielen Abteilungen, sie sind geradezu normale Reaktionen – und
sollten deshalb rechtzeitig erkannt und aufgelöst werden. Denn
sie schaffen sonst eine negative Stimmung, lassen keine Kultur
des neuen Denkens zu und bremsen den Wandel.

Bottom-up ist zwar eine entscheidende Vorgehensweise moderner Unternehmenskultur, um Mitarbeiter zu motivieren und
ihre Erwartungen zu erfüllen. In solchen grundlegenden und
strategischen Punkten wie der Digitalisierung möchten diese
jedoch nicht gegen ihre Chefetage ankämpfen. Ganz im Gegenteil muss diese Einstellung, dieser digitale Weg top-down voran-

getrieben werden. Liegt das Commitment vor, werden viele weitere Aspekte logisch folgen: Digitalisierung bedeutet flexibel, agil, flach handeln, schnell und mutig sein, es bedeutet Trial and Error und somit ein neues Verständnis von Fehlerkultur. Das kann sich nicht von unten heraus entwickeln.

Wenn Mitarbeiter den Vorstoß eines anderen infrage stellen – und das werden sie immer wieder tun –, ist dies ohne eine Führung, die den vorantreibenden Mitarbeiter stärkt, nicht tragbar. Mehr noch muss diese Stärkung zuvor klargestellt werden, öffentlich, offiziell und positiv fördernd. Wehrt sich der alteingesessene Vertriebler gegen ein digitales Tool, hat der junge oder neue Mitarbeiter kein Standing, um hier argumentativ zu gewinnen. Es ist auch nicht seine Aufgabe, dies zu tun. Erst wenn die Strategie vorgelebt wird, können solche Ideen fruchten – zuvor muss das Management alle mitziehen. Und Verantwortung übernehmen: Wenn man sich an Neues wagt, müssen, dürfen und sollen Fehler passieren. Denn alles andere deutet nur darauf hin, dass man sich kaum bewegt, sich nicht oder nur minimal aus der Komfortzone wagt, sodass es nicht wehtut. So passieren vielleicht keine Fehler – aber auch sonst nichts. Fehler müssen aber gemacht werden, und es muss klar sein, dass deswegen keine Köpfe rollen. Nur so kann man lernen und neue Strukturen aufbauen.

Die Geschäftsführung etabliert und stärkt die neue, digitale Strategie – und erweckt sie mit ersten Projekten zum Leben. Dies können zunächst nur Inselprojekte sein, sie sollten aber unbedingt das Ziel haben, sich in alle anderen Bereiche auszubreiten. Wenn man Vorgänge in einer Abteilung digitalisiert, muss schon feststehen, wie und wo es als Nächstes weitergeht, wie Schnittstellen eingebaut werden, welche Konsequenzen sich ergeben. All das muss von Anfang an kommuniziert werden, rechtzeitig, transparent und konstant. Sind die ersten Schritte getan, müssen sie für alle nachvollziehbar sein. Waren sie erfolgreich, müssen sie von der Führung als Leuchtturmprojekte präsentiert werden, damit alle verstehen können, was warum gerade passiert. Ohne

Neid, ohne Präferenzen, aber mit klarer Linie in diese eine Richtung.

Strategie digitalisiert, Vertrieb automatisiert, Mitarbeiter entlastet – und 1,2 Millionen Euro gespart

Ein anschauliches Best Practice zeigt ein Unternehmen, das Fortbildungen für Geschäftsführer und Führungskräfte auf Managementebene anbietet. Die Seminare waren gut gebucht, obgleich der Aufwand für diese Auslastung massiv und teuer war: Um circa 300 Seminare pro Jahr zu füllen, wurden Adressen gekauft, nach Städten und Postleitzahlen selektiert und die entsprechenden Chefs und Ansprechpartner klassisch kalt akquiriert – per Post. Broschüren und Flyer wurden gedruckt, mit den relevanten Seminarorten versehen, adressiert und versendet. Dann wurde in Excel-Tabellen manuell nachgehalten, wer tatsächlich ein Seminar gekauft hat. Hinzu kamen Rechnungen, Unterlagen, Werbung für weitere Angebote et cetera an die Seminarbesucher. Das kostete das Unternehmen jährlich mehr als eine Million Euro – die Mitarbeiterkosten waren darin noch nicht enthalten. Die Erfolgsquote der Kaltakquise lag zudem bei 1 bis 3 Prozent, was bedeutet: Um ein Seminar mit 20 Leuten zu füllen, mussten 3.000 angeschrieben werden. Das alles muss außerdem jemand ausführen, kontrollieren, händisch finalisieren. Da kommt schnell eine Million Euro im Jahr zusammen.

Interessanterweise war dieser jährliche Gesamtbetrag nicht das ausschlaggebende Moment für die Geschäftsführung, etwas zu ändern. Der Schmerz lag bei den Mitarbeitern, die diese erschreckend stupiden und redundanten Aufgaben erledigen mussten: Adressdaten mit Seminarort abgleichen und hundertfach einsetzen, die Excel-Listen durchforsten und nachhalten, kopieren und einfügen, kopieren und einfügen, kopieren und einfügen. Die Grundidee, dass solche Listen doch schon eine fantastische und irgendwie digitale Lösung seien, war nicht aufgegangen, da sie zu riesig wurden – und damit auch der Aufwand der Aktualisierung, des Findens von Daten und des Einsetzens in die Serienbriefe. Die gesamten Prozesse wurden zudem besonders komplex, da organisatorisch unterschiedliche Anforderungen an die Auswertungen bestanden.

Mutigen Mitarbeitern sei Dank, wurde der Entschluss gefasst, diese zu entlasten – und Personalkosten zu sparen. Alles andere? Nicht so wichtig, es funktionierte ja alles ganz gut mit diesen Listen – Kunden wurden schließlich ausreichend gewonnen. Die Daten sollten nur schneller und mit weniger Manpower für die bekannten Zwecke verwendet werden. Also wurden die Listen in digitale Datenbanken übertragen. Die neue Plattform enthielt somit alle Daten und erlaubte zudem, diese wesentlich einfacher zu verarbeiten.

Der Job der digitalen Vorantreiber – in diesem Fall externe Spezialisten – fing hier allerdings erst richtig an, denn die digitale Umsetzung solch einer Datenbank ist die eine Sache. Eine ganz andere ist es, strategisch zu überlegen, welche Ziele wie wirklich effizient realisiert werden können. Die Lösung war so clever wie erfolgreich: Anstatt mit der Datenbank weiterhin Anschreiben zu generieren, wurden für die Seminare Landingpages aufgesetzt – für die weitere Optimierung mit wiederholten Testversionen –, und die Werbebroschüren durch regionale Online-Anzeigen ersetzt: Wer nun im Internet nach bestimmten Seminaren suchte, beispielsweise mit den Begriffen »Fortbildung Führung«, erhielt ein passendes Banner, welches vornehmlich Geschäftsführer und Manager ansprach. LinkedIn und Xing wurden gemäß der Postleitzahl als Multiplikatoren-Plattformen als weitere Maßnahmen eingesetzt – und schon waren nach zwei Monaten die Seminare an den ersten »digitalisierten Standorten« ausgebucht.

Nachdem die Entscheider bereit waren, das Geld für das Porto in die digitalen Maßnahmen zu stecken, kam die Erkenntnis: Die Summe für die Online-Strukturen belief sich auf monatlich etwa 10.000 Euro zuzüglich Agenturkosten. Auch der Schock

über die 60.000 Euro für die Erstellung der Datenbank hielt
sich angesichts der jährlichen Personalkosten für die manuelle
Umsetzung in Grenzen. Denn all diese Summen waren im Vergleich zu monatlich 100.000 Euro für die frühere analoge Arbeit
schlicht gering.

Und es kam noch besser, denn die Möglichkeiten dieser ersten Automatisierungsschritte waren damit noch lange nicht
erschöpft. Das Unternehmen hatte zu Beginn lange über seine
Sorgen ob der Umstellung und der zusätzlichen Kosten disku-
tiert – bis der alte Postweg vollständig verlassen wurde, kamen
diese immerhin noch on top, doch schließlich begann es, auch
strategisch digital zu denken. Nach dem ersten Jahr bestand nämlich schlicht kein Risiko mehr: Die Kosten wurden zunehmend
reduziert, die Maßnahmen skaliert, die Prozesse optimiert.

In vielen Unternehmen wirken sich solche neuen Prozesse
wesentlich schneller positiv aus: Wenn es nicht direkt um eine
Million Euro geht, kann ein cleverer Newsletter innerhalb von
zwei Wochen seine Kosten einspielen; je nach Produkt oder
Dienstleistungen und ihren Kosten liegt der Return on Investment (RoI) bei fünf Käufen oder Anmeldungen dann beinahe
direkt über der Investitionssumme. Wichtiger ist hierbei allerdings der Gewinn im Kopf: Mit strategischem Handeln und
solchen Erfahrungen fällt es nicht schwer, weitere Maßnahmen
aus dem Digitalisierungspaket zu wählen und unmittelbar daran
anzuknüpfen. So wie es in diesem Best Practice der Fall war.

Neben weiteren digitalen Optimierungen der Datenbank –
schließlich besaß das Unternehmen hier mit Kontaktdaten von
Millionen Entscheidern eine wahre Goldgrube, die es nur zu he-
ben lernen musste – und mit der steten Nachjustierung der neuen
Online-Strukturen kamen schnell weitere Potenziale ins Spiel:
Cross- und Up-Selling, also die Vermarktung zusätzlicher Seminare und anderer Serviceangebote an eindeutig Interessierte beziehungsweise bestehende Kunden, und zwar mehrstufig. Kunden,
die ein Seminar gebucht hatten, wurden vor dem Besuch weitere,

passende Seminare im Paket zum Sonderpreis angeboten. Diejenigen, die dies nicht in Anspruch nahmen, erhielten einige Zeit nach der gebuchten Veranstaltung einen 100-Euro-Gutschein für ein weiteres Seminar. Parallel wurden Feedback- und Referenzabfragen verschickt, verbunden mit kostenpflichtigen Neuigkeiten und Zusatzinhalten – die einen mögen nun mal Rabatte, die anderen Wissen unabhängig vom Preis. Dies lässt sich herausfinden und so nutzen, dass größtmöglicher Gewinn erwirtschaftet wird, ohne die Kunden mit Angeboten unnötig zu nerven. Alle Kunden wiederum wurden etwa drei Monate nach der besuchten Fortbildung darauf aufmerksam gemacht, dass es ein neues, weiterführendes Seminar mit aktualisierten Inhalten gebe. Alles Formale – also die Gruppenzuweisung, die zeitliche Abfolge, die individuelle Ansprache jedes einzelnen Kunden – wurde dabei automatisiert vom Newsletter-Programm vorgenommen, sobald die Datenbanken digitalisiert waren. Texte, logische Abfolge der Inhalte und anderes mussten vom Unternehmen strategisch entwickelt und geplant sein, doch das mussten die postalischen Anschreiben ebenso, selbst wenn sie generischer und unpersönlicher waren – und weniger Erfolg brachten. Als dieser Workflow etabliert war, konnten Online-Akquise und digitale Rechnungsstellung folgen, ebenso die automatisierte Zustellung des Seminarmaterials, der Wegbeschreibungen und weiterer Informationen. Die größten und erfolgreichsten Standorte wurden noch immer zusätzlich mit gebrandeten postalischen Anschreiben beworben, alle anderen jedoch nur noch online.

Der gesamte Umstellungsprozess dauerte circa drei Jahre und ist bis heute nicht abgeschlossen, denn alle Mitglieder des Unternehmens haben nicht nur verstanden, sondern live erlebt, dass sich die Investition in die Online-Strategie lohnt. Und dass es immer noch etwas gibt, was sich automatisieren, aktualisieren und digitalisieren lässt, dank der Feedback-Abfragen gemeinsam mit den Kunden und optimal auf diese zugeschnitten. Die nächsten Ideen sind eine Plattform mit Trainingsunterlagen, mehr spezifische Newsletter-Inhalte und ein Log-in-Portal, welches die (digitale) Versendung der Unterlagen ersetzen wird. In zwei Jahren werden sich die Pläne weiter in Richtung digitale Produkte und Services bewegen, ganz nach Erwartungen und Wünschen der Kunden und der strategischen Vorgehensweise der Führung und des Unternehmens.

Der Azubi ist nicht die Idealbesetzung für Internetfragen

Allen guten Beispielen zum Trotz passiert es tagtäglich, dass der Unternehmer ohne Sinn und Verstand – oder einfach ohne Strategie – seinen Azubi beauftragt, »irgendwas mit Digitalisierung« zu machen. Im Zweifel hat der für seinen Fußballklub schon eine Webseite erstellt oder einen Facebook-Account bespielt. Na bitte, dann mal los! Und herzlichen Glückwunsch, Sie haben Ihren Indikator dafür, dass Sie es noch nicht verstanden haben: Strategie und Geschäftsmodell gehören nicht in Azubi-Hände!

Natürlich muss der Azubi – wie jeder andere Mitarbeiter auch – wissen, wohin die Reise geht. Er muss es erleben können und sozusagen automatisch freier, flexibler, innovativer und digitaler denken. Doch er braucht dafür eine Fahrbahn und Leitplanken. Diese kann nur die Geschäftsführung bereitstellen – und sie dann auch vorleben. Das technische Verständnis des Azubis darf natürlich genutzt werden, aber wie soll er wissen, wie die Kunden des Unternehmens ticken? Welche Zielgruppen überhaupt angesprochen werden sollen, welche neuen erschlossen? Wie kann er ausreichend Know-how über die Produkte und den Service haben? Das ist nicht möglich – also sollte er zwar an den digitalen Projekten beteiligt sein, aber ein starkes Team um sich haben. Und keine Scheu, sein Wissen und seinen Spaß auszuleben. Der Azubi hat aber deswegen noch lange nicht die Entscheidungsgewalt, die es ihm erlaubt, schnell zu handeln. Der beste Online-Shop bringt den Kunden nichts, wenn er drei Tage auf eine Antwort zu seiner Bestellung warten muss.

Digitalisierung bringt nun mal mehr mit sich als etwas Social Media und die Aktualisierung der Webseiten. Zum Beispiel, dass die Führung solche Azubis und weitere Mitarbeiter, die entweder ein gutes Gespür für Kunden oder Produkte oder Innovationen oder aber ein besonderes Faible für digitale Kommunikation haben, als ihre Berater um sich scharrt. Und ihnen gewisse Freiräume – Stichwort Vertrauen – bieten, damit sie schnell handeln können. Geht etwas schief, müssen eher Treffen im Stile der sogenannten »Fuck-up-Nights« – Veranstaltungen, bei denen man frei und ohne Druck von seinen Fehlern und Learnings berichten kann – eingeführt werden, als Köpfe rollen zu lassen. Auch in diesen Fällen muss klar sein, dass die Führung hinter ihren Leuten steht und sie dabei unterstützt, aus Fehlern zu lernen, nicht aber, wieder fünf Schritte rückwärts zu gehen und zum klassischen Geschäft zurückzukehren. Natürlich bedarf es dazu Mut und Biss seitens der Führung – aber es gibt Schlimmeres, als sein Unternehmen zukunftsfähig zu machen und seine Mitarbeiter zu motivieren.

Ausgewählte Aufgaben können und müssen natürlich an kompetente Mitarbeiter delegiert werden. Den Überblick behält aber die Führung, und zwar nicht nur über die strategische Ausrichtung, sondern auch über die Mitarbeiter und Teams, die sich noch nicht haben begeistern und mitreißen lassen. Denn diese zögernden, skeptischen Mitarbeiter gibt es in jedem Unternehmen, das sich im Wandel befindet. Für die gesamte Unternehmenskultur ist es unerlässlich, diese abzuholen, anderenfalls droht ein permanenter Kampf – nicht nur mit der Führung, sondern auch mit anderen Mitarbeitern, die ausgebremst werden. Dass ein Azubi dabei keine Chance hat, die Kollegen zu involvieren oder gar zu animieren, ist selbstredend.

Die Vorbildfunktion kann nur die Unternehmensführung selbst übernehmen. Wenn diese alle anderen ein- und verbindet, schaffen das die einzelnen Abteilungen untereinander ebenfalls. Findet so ein Austausch und intensives Netzwerken innerhalb des Unternehmens statt, weiß der Vertrieb, warum die Produkte so sind, wie sie sind, die Entwickler, welche Schwierigkeiten die Kunden haben, und der Chef, was die Kunden wirklich wollen. Diese sind eigentlich die beste Besetzung, wenn es um neue Ideen, Nutzen und Produkte geht. Es mag utopisch (oder schrecklich) klingen, aber sie stärker einzubinden, ist sicher ein Schritt in die richtige Richtung. Und es ist digital gedacht.

3.2 Buzzword Digitalisierung – intern, extern oder von allem ein bisschen?

Studien, beispielsweise der KfW und ZEW von 2016,[2] beschwören regelmäßig Zahlen von über 50 Prozent an Unternehmen, die die Digitalisierung als wichtiges oder sogar sehr wichtiges Thema begreifen. Was das allerdings in der Umsetzung bedeutet, ist so heterogen und teils chaotisch, dass deutlich wird, wie verwirrt viele noch immer sind.

Mit der internen Digitalisierung überzeugen und mitreißen …

Es ist in der Tat mit digitalen Strukturen verbunden, wenn ein Unternehmen seine Fax-Bestellabläufe – die Baubranche arbeitet aktuell noch immer daran, von Kunden keine Faxe mehr abzufragen – aufgibt, papierlose Büros etabliert, ein Intranet aufbaut, sein Mitarbeitermagazin nicht mehr als Printbroschüre auslegt und Mitarbeiter-Assistenz-Schnittstellen (EAP) aufbaut. Dies sind jedoch ganz andere Schlachtfelder als die der externen Digitalisierung, also der zum Kunden. Online-Shops, Konfigura-

2   Siehe https://www.kfw.de/PDF/Download-Center/Konzernthemen/Research/PDF-Dokumente-Studien-und-Materialien/Digitalisierung-im-Mittelstand.pdf).

toren, Suchmaschinenmarketing (SEA) und Servicethemen spielen eine andere Rolle – sie brauchen aber vor allem eine andere Herangehensweise und anderes Know-how. Für die interne Digitalisierung sind beispielsweise eher Unternehmensberater und IT-Spezialisten gefragt, für die externe Marketing- und Kommunikationsprofis, Innovationsmanager und Webentwickler. Wenn also über diverse Branchen berichtet wird, wie weit sie schon digital voranschreiten, werden oft Äpfel mit Birnen verglichen, noch öfter allerdings über die interne Digitalisierung gesprochen und über IT-Sicherheit. Die Investitionen sind in diesem Bereich hoch, und das ist auch gut so. Die Pharmaindustrie beispielsweise ist hierbei schon recht weit fortgeschritten, und auch bei Banken und Versicherungen ist von fast 60 Prozent mit einer Digitalstrategie die Rede.[3] Online-Banking-User wissen jedoch nur zu gut, dass sich gefühlt seit zwanzig Jahren nichts bewegt hat – und die Auslandsüberweisung in die USA noch immer horrende Gebühren kostet. Unsere Banken verteufeln Kryptowährungen und können Strategien und Möglichkeiten, wie PayPal sie seit Jahren bietet, bis heute kaum umsetzen. Lösungen wie Paydirekt kommen, werden aber von den Kunden nicht genutzt. Zukunftsträchtig? Wohl kaum. Diese disruptiven Tendenzen, ausgelöst durch Start-ups mit mutigen Ideen, sind klar erkennbar, und im Zweifel ist das nur der Anfang. Der Punkt ist: Ein Unternehmen oder eine Branche ist noch lange nicht digitalisiert, wenn nur die ersten Bausteine angepasst werden.

Es ist wichtig und unbedingt löblich, wenn Unternehmen interne Strukturen digitalisieren und automatisieren. So können sich alle daran gewöhnen, dass digital gut ist, hilfreich, effizient, für alle Seiten. Nehmen wir als Beispiel Urlaubsscheine, was jedes Unternehmen nutzt – und Unsummen an Geld und Zeit

---

3   Siehe https://www.kfw.de/PDF/Download-Center/Konzernthemen/Research/PDF-Dokumente-Studien-und-Materialien/Digitalisierung-im-Mittelstand.pdf.

kostet: Pro Urlaubsschein gehen auf analogen Wegen in etwa 23 Minuten verloren. Je nach Häufigkeit der Urlaube werden pro Mitarbeiter also gut und gerne circa drei Stunden im Jahr dafür verschwendet. Das kann nicht sein? Urlaub beantragen – das geht doch total schnell! Weit gefehlt: Erst bespricht der Mitarbeiter sich mit seinem Chef und klärt mit seiner Urlaubsvertretung die Zeiten, dann füllt er den Schein aus und bringt ihn in die entsprechende Abteilung, um ihn gegenzeichnen zu lassen – natürlich nicht, ohne dass kurz über die Reise geplaudert wird. Diese Wege sind oft schon so lang, dass sie ihre Zeit dauern, zudem trifft man Kollegen, und es gibt ja einen fröhlichen Anlass, also werden Schwätzchen gehalten. Vorsicht: Es geht hierbei nicht darum, jegliche sozialen Aspekte, die vielleicht irgendwie zur Unternehmenskultur gehören, zu ersticken, denn diese fördern das Arbeitsklima und damit den Unternehmenserfolg. Der Preis ist hier nur schlicht zu hoch, denn die Mitarbeiter empfinden solche Wege nicht als echte Pause.

Solch einen Routinevorgang zu automatisieren und Freigabeprozesse zu digitalisieren, kostet grob überschlagen 5.000 bis 10.000 Euro. Jeder Unternehmer, der mehr als 100 Mitarbeiter beschäftigt, wird dies schon jetzt in mindestens zwei Monate »unnütze« Arbeitszeit umgerechnet haben. Und es kommt noch besser: Die Mitarbeiter können nun unterwegs oder von zu Hause ihren Urlaub planen, sonntags beim Frühstück mit dem Partner überlegen, im Kalender im Intranet nachsehen, wann die Vertretung anwesend ist, wann wichtige Termine anstehen et cetera. Sie können unkompliziert einen passenden Urlaubstermin auswählen und direkt eintragen. Das System leitet diesen als Anfrage an Vorgesetzte und Vertreter weiter, ebenso die erfolgten Freigaben – und schon steht der Urlaub, ohne dass allzu viel Arbeitszeit investiert wurde. Natürlich sprechen die Mitarbeiter dennoch über ihre Urlaubspläne, aber eben in der Kaffeepause, während die Planung vielleicht sogar außerhalb der offiziellen Arbeitszeiten stattfindet.

Es ist offensichtlich, dass dieses Beispiel nur einen kleinen Teil des Arbeitsalltags aufgreift. Weiter geht es mit allem, wofür ständig Wege zum Drucker, zum Kopierer, zur anderen Abteilung im anderen Gebäudetrakt erforderlich werden – und im Zweifel nie so gut und sicher sind wie die digitalen. Hinzu kommt doppelte Effizienz, wenn nicht nur in Insellösungen gedacht und beispielsweise das Tool für die Urlaubsplanung auch verwendet wird, um Kantinenbestellungen – aktuell meist manuell auf Zetteln, die der Koch einsammelt – weiterzuleiten oder um interne Neuigkeiten zu verbreiten.

Doppelte Effizienz allein trifft es aber nicht, denn der Wohlfühlfaktor kommt hinzu: Mitarbeiter und Unternehmen, die sich vor der Digitalisierung sträuben, können mit solchen kleinen und einfachen Methoden positive Assoziationen aufbauen. Niemandem wird der Arbeitsplatz gestrichen, niemand muss plötzlich völlig neue Aufgaben erledigen. Damit sind nicht die Einführungsworkshops zur Unternehmens-IT aus den Zweitausenderjahren gemeint – diese waren tatsächlich aufwendig, nervig und ineffizient. Heute spielt User-Experience, also die Kundenerfahrung und -zufriedenheit, die Hauptrolle, und das bedeutet, intuitives Lernen und Arbeiten zu fokussieren. Ein wenig Zusatzaufwand muss anfänglich betrieben werden, doch er führt zu nachhaltigen Erleichterungen. Bekannte Strukturen werden einfacher gestaltet – und der Weg zum intelligenten Intranet oder betrieblichen Vorschlagswesen, zur digitalen Buchhaltung inklusive Kontoabgleich und Buchungssätzen, die automatisiert vorgeschlagen und erstellt werden, zu Wissensportalen, Unternehmenswikis und anderen Dokumentationstools wird geebnet. In welcher Reihenfolge hier vorgegangen wird, hängt von der Dringlichkeit, aber auch von der Offenheit der Führung ab: Fragen Sie mal Ihre Mitarbeiter, welche Strukturen sie nerven und wo sie sich eine digitale Entwicklung wünschen. Das steigert deren Engagement und zeigt zudem, dass die Führung bereit ist, sich auf Neues einzulassen – und zwar gemeinsam und digital.

Es mag ein Wink mit dem digitalen Zaunpfahl sein: Lösungen für solche Ideen gibt es zuhauf, und es gibt sie als »Software as a Service«, das heißt, als Cloud-Lösungen, die monatlich kündbar sind und wenig kosten – die klassischen Megapakete mit Vertragsbindung sind passé. Zudem bieten die Hersteller clevere Modulsysteme an, sodass Unternehmen nach und nach aufstocken können. So wird ein Tool zunächst vielleicht nur mit zwei Modulen bestellt, hat Potenzial für viele und lässt sich beliebig erweitern, sodass aus dem Intranet schließlich ein allumfassendes Organisationsnetz werden kann.

Wer sich darum kümmern soll? Die Wahl kann das Unternehmen mit Blick auf seine Ressourcen treffen: Entweder wird ein Mitarbeiter geschult und übernimmt die Pflege, oder es werden externe Spezialisten beauftragt. Wer das bezahlen soll? Der Return on Investment, die zufriedenen Kunden und motivierten Mitarbeiter.

... und mit der externen Strategie gewinnen

Sind die internen Vorgänge digitalisiert, bleibt die Königsdisziplin als entscheidendes To-do: die Digitalisierung von Geschäftsmodell, Produkt, Dienstleistung, Service, Vertrieb, Marketing – kurz, alles, was den Kunden direkt betrifft. Ist der Kunde nicht involviert und erhält er noch immer die gleichen Produkte wie vor zwanzig Jahren, nützt das Intranet herzlich wenig. Gibt es nur unternehmensintern digitale Entwicklungen, zeugt dies davon, dass es noch immer an Mut fehlt: Die getätigten Investitionen in die internen digitalen Strukturen sind weniger risikobehaftet als die in innovative Produkte oder in Online-Marketing, Punkt eins. Punkt zwei ist allerdings, dass man in die externe Digitalisierung wesentlich risikoärmer einsteigen kann, als die meisten denken – weil sie analog denken. Und so werden die meisten Digitalisierungsprojekte klein und abteilungsintern noch immer von der IT-Führung initiiert, nicht aber von der Geschäftsführung – und auch nicht vom CDO (Chief Digital Officer). Diesen gibt es nämlich in kaum einem mittelständischen Unternehmen – und bitte nicht falsch verstehen: Es geht nicht um schicke, neudeutsche Begriffe – »Leiter Finanzen und Controlling« tut es auch –, sondern um die strategischen Aufgaben, die mit diesen Konzepten einhergehen.

Welcher engagierte Verantwortliche auch immer übernimmt und vorantreibt, er kann nach den beschriebenen internen Digitalisierungsschritten digitale Vertrags- und Rechnungsgestaltungen initiieren, Prozesse wie Angebote und Nachbestellungen digital optimieren, papierlose Archivierung fördern und vieles mehr. Das sind die zweiten Schritte, welche die Mitarbeiter nicht mehr so argwöhnisch und verhalten sehen sollten, während die Kunden sich mit an Sicherheit grenzender Wahrscheinlichkeit freuen werden, weil ihnen diverse Handgriffe abgenommen und die Vorgänge vereinfacht werden – digital denken bedeutet nun mal, kunden- und serviceorientiert zu handeln.

Aussagen, dass es im Stahlbau, in der Wellblechpappen-Herstellung oder in der Mobilbranche darauf doch überhaupt nicht ankomme, ist falsch: Es ist der gleiche Gedankenfehler, den der B2C-Bereich mit Amazon gemacht hat. »Lass die mal machen, das klappt sowieso nicht. Die Leute können ihre Ware nicht sofort mitnehmen, sie müssten doch warten. Nein, das macht niemand.« Es gibt keinen Bereich, der sich nicht digitalisieren lässt, und es gibt keine Branche, die nicht über zusätzlichen Service nachdenken muss. Warum? Weil der Kunde es tut, und zwar auf allen Ebenen.

Warum Sie Ihren Mitarbeitern Facebook nicht verbieten sollten

Viele klassisch und analog denkende Unternehmer werden sich zunächst freuen, wenn sie alles, was ihre Mitarbeiter von der tatsächlichen Arbeit abhält, wegdigitalisieren oder gleich ganz verbieten. Verhalten vergleichbar mit dem Urlaubsschwätzchen gibt es zur Genüge – und zwar vor allem digital. Doch so einfach ist das nicht. Denn nur weil etwas nicht unmittelbar mit klar definierten Arbeitsaufgaben verbunden ist, muss es noch lange nicht schädlich, verlustreich und nachteilig sein. Der Gang für den Urlaubsantrag bringt niemandem etwas, er raubt nur vielen Leuten jede Menge Zeit. Wie gesagt, die Mitarbeiter empfinden diesen Weg noch nicht einmal als Pause – und die bearbeitenden Kollegen fragen zwar nach dem Ziel, sind allerdings oft genug einfach nur genervt, weil sie von ihrer eigentlichen Arbeit abgehalten werden.

Wenn Führungskräfte auf die Idee kommen, diese Abläufe und Konsequenzen mit der Nutzung ihrer Mitarbeiter von Social-Media-Kanälen zu vergleichen und diese zu verbieten, schneiden sie sich nur ins eigene Fleisch. Selbst wenn sie ein wenig Zeit stehlen und stellenweise ablenken: Es ist falsch und gefährlich, sie im Unternehmen zu stigmatisieren. Wer das tut, hat nicht verstanden, was es bedeutet, digitalisiert zu sein, digital zu denken und zu handeln und ein Unternehmensklima aufzubauen, das innovatives Denken fördert und produktives Arbeiten ermöglicht.

»Daddelt« die Mehrheit der Mitarbeiter jeden Tag stundenlang im Internet, sollte über die Aufgabenbereiche und ihre Herausforderung nachgedacht werden. Grundsätzlich muss aber jedes Unternehmen damit leben, dass Mitarbeiter circa 25 Minuten des Arbeitstages auf Facebook unterwegs sind. Oh Schreck, das müssten wir ja ebenso umrechnen? Nein, müssen Sie nicht, denn Sie verlieren gerade nicht unbedingt Geld, und Mitarbeiter, die Facebook nutzen, sind auch nicht zwangsläufig unproduktiver als ihre analogen Kollegen. Diese Zeit wird ohnehin verschwendet werden, ob digital oder analog, sie lässt sich nicht wirklich einsparen. Es ist vergleichbar mit dem Pareto-Prinzip: Wir können die 80 Prozent weniger produktive Zeit nicht einfach umgehen oder vollständig löschen, sie sind wie die andere Seite einer Medaille.

Mitarbeiter sind nie zu 100 Prozent gleichermaßen produktiv und im Arbeitswahn. Um gut zu arbeiten, müssen sie auch mal etwas anderes tun, eine Pause einlegen. Warum sie es nicht in den sozialen Netzwerken tun sollten, bleibt dahingestellt. Klar, alles, was Geld kostet, zu verbieten, mag eine Regel sein, dass aber die richtigen Investitionen sich lohnen, hoffentlich auch. Der Appell an die Unternehmer lautet demnach: Digitales Gedankengut pflegen! Wie soll die Marketingabteilung an die Kunden kommen und ihr Verhalten verstehen, wenn die wichtigen Kanäle versperrt werden? Wie soll der Service Fragen schnell und effizient beantworten, wenn er weder das Online-Verhalten nachvollziehen noch Informationen nachschlagen kann?

Die private Nutzung von Facebook dient nicht direkt der Gewinnmaximierung, aber dem sozialen Gefüge, und Informationsfluss der Kommunikation, vielleicht sogar der Weiterbildung, wenn sich gewisse Umgangsformen auf die Arbeit umsetzen lassen. Und sie hilft, die Mitarbeiter zum digitalen Denken zu bewegen. Wird das verboten, wird niemand in diese Richtung denken, das vorherrschende Prinzip lautet dann: »Dienst nach Vorschrift, bloß keine Fehler machen!« Was Unternehmen aber brauchen: »Einen richtig guten Job machen, etwas ausprobieren, neu denken.« Richtig, dann besteht die Möglichkeit, Fehler zu machen – und aus ihnen zu lernen. Wer das nicht zulässt, muss sich nicht wundern, dass niemand in seinem Betrieb die Kunden dort abholen kann, wo sie sich aufhalten. So entsteht auch kein Mut oder wächst etwas Neues, es bleibt nur der Stillstand. Und parallele Strukturen, denn kaum jemand lässt sich diese Verhaltensweisen verbieten, und das private Smartphone ist schließlich immer zur Hand. Kontrolle nicht, Unternehmenskultur und ein Blick gen Kunden ohnehin nicht.

Kanäle wie Facebook, auf denen sich 65 Millionen Unternehmen befinden und fünf Millionen werben, sollte niemand links liegen lassen. Der Köder sollte schließlich dem Fisch schmecken. Aber neun Prozent alle Mittelständler haben 2017 Facebook am

Arbeitsplatz verboten. Auf den ersten Blick »nur einstellig«, ist diese Zahl bei der Gesamtzahl mittelständischer Unternehmen in Deutschland so klein nicht. Zudem können in 19 Prozent der Unternehmen keine YouTube-Videos geschaut werden – und damit keine positiven Erfahrungen mit How-to-Videos, ihrem Auffinden und der schneller. Beurteilung gemacht werden. Das Mindset wird klar: Social Media ist nicht wichtig oder gar Zeitverschwendung. Dass die Mitarbeiter so keine Motivation haben, in den sozialen Kanälen ihr Unternehmen positiv darzustellen – oder überhaupt zu erwähnen – sollte deutlich werden.

Die Zeiten der guten, alten E-Mail sind vorbei, alles verläuft heute auf diversen Kanälen, was nicht bedeutet, dass sie redundant gehandhabt werden. Die Kunden agieren nun mal auf diesen Kanälen, Netzwerken, Plattformen. Die authentische, vertrauensbildende Kommunikation dort vollständig zu verweigern, ist dumm. Den Klüngel, der dort – vergleichbar mit Karnevals- und Schützenvereinen oder Golfklubs – stattfindet, ebenso. Und dass Verbote Unproduktivität steigern, ist ohnehin belegt. Warum dann nicht lieber diese 20 plus Minuten als Investition in die eigene Digitalisierung und Facebook, Xing und Co. als produktive Netzwerke auffassen, welche die Reputation des Unternehmens steigern?

Mitarbeitern selbst zu solch professionellen Netzwerken wie LinkedIn oder Xing keinen Zugang zu gewähren, weil sie dort abgeworben werden könnten, grenzt an Irrsinn: Wenn ein Unternehmen sich so dumm verhält, werden die Guten ohnehin abgeworben oder bewerben sich selbst anderswo – ob abends oder während der Arbeitszeit, ist irrelevant. Wesentlich relevanter ist, dass solche Unternehmen nicht sehen, dass diese Netzwerke auch starke Bindungs- und Kommunikationsinstrumente sein können. Gute Arbeitgeber achten eher darauf, dass ihre Kununu-Bewertung nicht nur gut, sondern auch mit ihrem Xing-Profil synchronisiert ist. Und sie freuen sich über den Input, den die Mitarbeiter dort erhalten und in das Unternehmen tragen.

3.3 Warum Ihre Internetseite nicht bedeutet, dass Sie digital aufgestellt sind

Trends, Innovationen, Fehler, Wünsche – all das kann helfen, die eigenen Kunden auch morgen zufriedenzustellen. Hat man sie im Kopf, führt der digitale Weg zum Erfolg heute über mehrere und geschickt ineinander verwobene Kanäle. Dennoch werden oft kleine, einzelne, unverbundene Prozesse digitalisiert, ohne das große Ganze dahinter grundsätzlich zu verändern und digital auszurichten. Ihren Mitarbeitern Zugang zu Xing zu gewähren und ihnen ein Firmenhandy zu geben, ist wichtig und richtig, macht aus einem klassischen Unternehmen aber noch kein digitalisiertes. Das gleiche gilt für Webseiten – doch Berater, IT-Leute und Marketingexperten bekommen regelmäßig zu hören: »Wir sind doch schon digitalisiert! Schauen Sie sich unsere Webseiten an, wir sind online!« Nun ja, das stimmt, aber meist nur irgendwie.

»Wir sind schon im Netz!«, höre auch ich oft als spontane Antwort, wenn ich mich bei einem Inhaber oder leitenden Manager nach der Online-Strategie des Unternehmens erkundige. Gemeint ist: »Wir haben eine Firmen-Homepage.« Schaut man sich diese Seiten an, macht sich Ernüchterung breit. Selbst die Königsklasse unter den Mittelständlern, die Weltmarktführer oder »Hidden Champions«, betreibt mitunter eine Webseite, die »der Freund meines Sohnes« erstellt oder »der Cousin vom Juniorchef« programmiert hat. Unternehmen, die Milliardenumsätze machen, vergeben ihr digitales Schaufenster zur Welt laxer als die Gartenpflege vor dem Bürogebäude – kein Scherz. Doch auch, wenn die Wahl auf eine erfahrene Agentur fällt, kommt oft nicht mehr dabei heraus als ein hübsch dekoriertes Fenster: nett anzusehen, aber ohne ein tiefergehendes Verständnis für die Funktionen einer Webseite, die auf digitalem Weg Interesse weckt, Kunden bindet und zum Kauf motiviert.

Hartnäckig hält sich der Irrglaube, B2B-Kunden seien mit

Fotos des Firmengebäudes (moderner Zweckbau auf grüner
Wiese), Porträts der Geschäftsführung (verkrampft lächelnde
Herren in grauen Anzügen), ausführlich erzählter Unterneh-
mensgeschichte (»1970 bezogen wir das heutige Firmengebäude
in der Posemuckeler Straße 2–4«) und einem Block »Zahlen, Daten, Fakten« glücklich zu machen. Dass erst 40 Prozent der Webseiten für eine mobile Nutzung optimiert sind, während über die
Hälfte der Seitenaufrufe heute über Smartphones oder Tablets
erfolgt – mit rasant steigender Tendenz –, ist dabei das geringste
Problem.

Mit einer Webseite ist es wie mit dem alten Werbeslogan für
Beton: Es kommt drauf an, was man draus macht. Man kann
inzwischen online einen Partner finden, seine Bankgeschäfte
erledigen, sich scheiden lassen oder sogar Beerdigungen organisieren. Jeden Tag entstehen neue Funktionen im Netz, von
Jahr zu Jahr gewöhnen sich die Menschen mehr daran, auf Webseiten Servicefunktionen zu finden, die ihr Leben leichter machen. Diese Erwartung wird nicht plötzlich obsolet, nur weil der
Nutzer nicht als Konsument zu Hause auf dem Sofa, sondern
als Einkäufer im Büro sitzt. Wer also glaubt, die Unternehmens-
webseite sei eine Art Visitenkarte und diese entsprechend aufbaut und vernachlässigt – einmal erstellt und für immer fertig –,
wird weder bei alten noch bei neuen Kunden landen.

Visitenkarten von gestern – Interaktionsflächen von heute

Visitenkarten verlieren schon seit den Neunzigerjahren immer
mehr an Wert. Ja, viele führen sie mit sich und verteilen sie froh-
gemut, noch immer gibt es Visitenkartenpartys, von denen sich
so mancher tolle Kontakte verspricht. Doch das ist fürchterlich –
fürchterlich ineffizient und aufwendig. Denn auch Kontakte
sind heutzutage digital. Das mag erst mal seltsam klingen, doch
wer auf seinem Schreibtisch noch ein Visitenkartenkarussell mit
allen Kontakten hat und diese durchblättert, sollte ebendiesen

Schreibtisch dringend verlassen und sich umschauen. Jedes Unternehmen muss sämtliche Kontakte in einer Datenbank haben – und die Mitarbeiter einen Zugang dazu.

Im Privatleben schleppt doch fast niemand mehr ein Adressheftchen herum, wir haben unsere Freunde, Bekannten, Ärzte, Pizzalieferdienste meist in unseren Smartphones. Nicht, weil es sich so gehört oder es einfach so ist, sondern weil es Sinn ergibt: Was machen Sie mit einer Telefonnummer oder einer E-Mail-Adresse? Sie rufen die erste und schreiben die zweite an. Übernehmen Sie diese direkt in Ihr Smartphone, sparen Sie mindestens einen Schritt; verbinden Sie sie mit allen weiteren Kontaktdaten und zudem mit relevanten Informationen, haben Sie sofort alles griffbereit, wenn es schließlich tatsächlich um Kontaktaufnahme geht.

»Ja, aber im ersten Schritt muss doch die Visitenkarte vorliegen, damit ich die Daten kriege!« Analog gedacht stimmt das, digital sicher nicht. Wer dennoch etwas Haptisches möchte, bitte: Die Lösung von morgen ist die NFC-Visitenkarte, von welcher der Vertriebler, Manager oder Multiplikator genau eine benötigt: Auf den Tisch gelegt, kann der Gesprächspartner sein Smartphone kurz hinhalten und schwups, schon sind die Daten bei ihm gespeichert. Das klassische Konzept Visitenkarte ist mehr oder weniger tot, das neue hingegen: neu gedacht, digitalisiert, effizient und im steten Wandel – aber doch mit unidirektionaler Funktion. Für eine Webseite, besonders im B2B-Bereich, ist es damit das falsche Konzept.

Denn keine dieser Visitenkartenversionen einer Homepage kann Fragen beantworten und so den Innendienst wirksam entlasten, indem typische Lieferanten- oder Kundenanliegen über eine Suchfunktion oder eine entsprechende Übersicht beantwortet werden. Eine Visitenkarte kann auch keine Ansprechpartner vermitteln. Sie bietet keinen After-Sales-Service in Form von One-Click-Bestellungen für Nachfüllartikel, nützlichen Downloads wie Handbüchern, Erinnerungsmails zu Wartungsintervallen, Updates zu Programmen oder Ähnliches. Eine reine Visitenkarte verwaltet auch nicht die letzten Bestellungen, sie gibt keine Informationen zum aktuellen Bearbeitungsstand, die Ihr Kunde im Netz in Sekundenschnelle und ohne umständliche Telefonate abrufen kann. Eine Visitenkarte enthält kein Recruiting-Tool für Online-Bewerbungen, ermöglicht keine attraktive Selbstpräsentation als Arbeitgeber (»Employer-Branding«), informiert nicht darüber, wen Sie suchen, und unterstützt Sie nicht dabei, die besten Fachkräfte für Ihr Unternehmen zu begeistern. All das kann eine Webseite, die auf der Höhe der Zeit ist. Und dabei sind wir noch gar nicht auf Feinheiten wie ein durchdachtes Targeting eingegangen, denn Webseiten können aufgrund der Spuren, die die Nutzer im Netz hinterlassen, noch viel mehr.

Doch lassen wir die Visitenkarten als Marketingprodukt zunächst hinter uns, denn neben diesem Baustein der Digitalisierung steht noch ein anderer: das Produkt.

3.4 Die logische Konsequenz digitalen Denkens – neue Produkte und Service, Service, Service

»Niemand wird Schuhe online kaufen.« Dieser Satz ist noch gar nicht so alt – und schien absolut wahr und zeitlos. Was heute passiert, straft uns Lügen: Frauen und Männer schreien nun an ihren Türen, wenn der Paketdienst Stilettos, Joggingschuhe oder Stiefel bringt. Kleidung muss man anprobieren, fühlen, testen?

Versandhandelsriesen wie Neckermann und Co. hatten zwar eine erste »analoge« Parallelwelt geschaffen, allerdings fast alle den Absprung weder in die digitale Welt mit all ihren Servicevorteilen noch in die Köpfe neuer Kundengenerationen ideal gestaltet. Otto hat es jedoch vorgemacht: Mit jungen Tochter- beziehungsweise Partnerfirmen und Eigenmarken wie Collins, About You und Edited hat der Konzern die digitale Kurve gekriegt und sich frische Ideen, neue Technologien und mutige Menschen geholt, Letztere als Mitarbeiter, Vordenker und Kunden. Auf der Online-Plattform werden nun benutzergenerierte Inhalte direkt in die offizielle Seite integriert – und der aktuell geforderte Dialog, die bidirektionale Kommunikation damit extrem clever und erfolgversprechend umgesetzt. Und sie sind nicht die Einzigen, denn auch kleine Unternehmen haben den Weg aus der analogen Welt in die digitale erfolgreich gemeistert.

Nach achtzehn Jahren klassischem Handwerksbetrieb für Heizung und Sanitär traute sich Reuter aus Mönchengladbach als einer der Ersten in den Online-Handel. Nach kurzer Zeit erkannte das Unternehmen die Chance und startete mit weiteren Investitionsschritten in die digitale Welt, baute sukzessive seine Produktpalette aus und beschäftigt heute 380 Mitarbeiter bei einem Jahresumsatz in dreistelliger Millionenhöhe. Das Erfolgsrezept? Die klare und konsequente strategische Ausrichtung auf digitalen Handel und guten Service, der sich auch analog vollzieht – von Ausstellungsräumen über telefonischen Kundenservice bis zu freien Online-Angeboten und flexibler Logistik.

Die Putzfrau des Nachbarn beauftragen? Ja – oder sie im Internet finden, buchen, bezahlen. Mit genügend authentischen Referenzen und einem kleinen Vertrauensvorschuss nutzen schon Tausende diese Dienstleistungen. Lebensmittel werden mancherorts seit einigen Jahren schon nach Hause geliefert, auch hier fand sich zunächst ein ähnliches Szenario: Niemals werde man aus einkaufen »gehen« einkaufen »lassen« machen. Selbst wenn der Kunde dies aus Bequemlichkeit in Erwägung zöge, allein die Logistik und die damit verbundenen Kosten wurden lange für untragbar, die Idee bis heute in vielen Köpfen für nicht vorstellbar gehalten.

Autos? Des Deutschen liebstes Stück online kaufen? Ohne Neuwagenduft? Unmöglich. Getränkekästen, Schuhe, Hosen oder ähnliche Produkte für im schlimmsten Fall dreistellige Summen – aber bei wirklich hochpreisigen Produkten? Niemand kauft die Katze im Sack, besonders, wenn sie aus Gold ist. In der Tat sind wir noch nicht ganz so weit, Autos abschließend im Netz zu kaufen und uns vor die Haustür stellen zu lassen. Weit weg sind wir aber nicht: Was früher zu vielfachen Autohausbesuchen und Gesprächen mit dem Verkäufer führte, erledigen Kunden nun von der Couch aus – online mit Konfiguratoren, die sie jedes Detail individuell bestimmen lassen. Es folgt der einmalige Gang zum Autohaus mit einer ganz konkreten und fertigen Vorstellung des Produkts. Dieses Beispiel ist hier das einzige, das als Zukunftsszenario gelten kann – wobei Fiat und Amazon mit ihrer Kooperation zeigen, dass Zukunftsmusik schon heute gespielt werden kann. Noch sind die Erfolge bescheiden, noch wird justiert und getestet, und das nur in Italien. Dennoch werden die Schritte und Erfahrungen maßgebend sein. Bei allen anderen Beispielen handelt es sich ohnehin bereits um Online-Einkäufe von A bis Z. Und beinahe täglich kommen weitere Produkte und Dienstleistungen hinzu.

Customer-Selfservice – denn Service bedeutet Mitgestaltung und Einflussnahme

Der entscheidende Punkt, der sich heute schon extrem bemerkbar macht und in Zukunft noch relevanter wird, ist Service. Wir leben in einer Zeit des Wechsels von der Dienstleistungsgesellschaft zu einer Gesellschaft der digitalen Transformation und intelligenten Vernetzung – Service 2.0, wenn man so will. Wir haben ja keine Zeit und sind modern und digitalisiert, also muss alles schnell gehen. Ob gefühlt oder reell: Wir verschwenden unsere wertvolle Zeit meistens, wenn wir nicht-automatisierte, redundante Aufgaben erledigen müssen. Es sind Strukturen, die jeder kennt: Entweder ist die Hotline überlastet oder steht still, zu den üblichen Öffnungszeiten sind die Kunden anderweitig beschäftigt, außerhalb nicht. Und bezahlen will ohnehin niemand den »Service«, von Menschen bedient zu werden, wenn es dadurch nur aufwendiger, länger und teurer wird.

Die Lösung klingt zunächst eigentlich ein wenig paradox: weniger Service, mehr selbst machen – und dennoch schneller und zufriedener sein. So können wir nun Formulare selbst ausfüllen und fertig an Dienststellen senden, am Flughafen am Automaten einchecken, Arzttermine online vereinbaren, den Tisch im Restaurant buchen, das Paket im Netz verfolgen. Vieles davon ist theoretisch ein Verlust von Service, dennoch funktioniert es oft besser, weil der Kunde flexibler ist und schneller zum Ziel kommt. Absprachen sind kaum mehr nötig, beide Seiten können agieren, wann und wie sie es bevorzugen. Das Ergebnis stimmt dennoch.

Im B2B-Bereich ist das in den meisten Fällen besonders effizient, weil auf beiden Seiten Arbeit und Arbeitszeit reduziert wird. Die reduzierten Prozesskosten lassen sich sogar aktiv kommunizieren und verkaufen: »Wenn Sie über unseren Shop oder Konfigurator bestellen, können Sie dies 24/7 tun und Ihre Daten zudem so speichern, dass Folgeaufträge und Nachbestellungen mit wenigen Klicks vonstattengehen.«

Intern kann der Kunde ebenso profitieren, wenn seine Mitarbeiter individualisierte Zugänge erhalten und innerhalb ihrer Entscheidungsbefugnisse agieren können, ohne lange Absprachen und Freigaben – im schlimmsten Fall analog – vornehmen zu müssen. Und ohne vor größeren Anschaffungen Zahlen zu durchforsten: Schon jetzt kann bei der Bestellung automatisiert auf eine aktuell schlechte Bonität hingewiesen werden, inklusive Freigabeprozessen selbst bei Sonderfällen. Und die Vernetzung der Systeme schreitet weiter voran.

Ein weiterer entscheidender Punkt, der in den Köpfen aller Mittelständler ankommen muss: Auch wenn ein Unternehmen eigentlich nur Klebefilm vertreibt, kann es digital solche Nutzen schaffen und diese immer weiter ausbauen. Sie brauchen allerdings die strategische Ausrichtung und die Denkanstöße, dies zu tun. Dazu gehört, den Kunden wirklich ernst zu nehmen und zu verstehen, dass die Konsequenzen der Digitalisierung zur Wertschöpfung beitragen. All das führt nicht dazu, nur irgendwie zu überleben, es steigert den Gewinn und schafft Kosteneffizienz. Wer die Investitionen und auch Fehlinvestitionen – denn ja, die wird und muss es geben – scheut, wird das Projekt »Digitalisierung« halbherzig und damit falsch anpacken.

Digitale Produkte sind Service per se!

Digitalstrategien zeichnen sich zunächst dadurch aus, den Fokus von physischen Produkten auf digitalisierte zu verschieben und sich auf Dienstleistungen und Services zu konzentrieren: Anstatt beispielsweise Hardware zu verkaufen, steht nun Software im Vordergrund. Und anstelle einer Software, die der Kunde einmal kauft, lässt sich diese nun als Service vermarkten: Der Kunde mietet beziehungsweise abonniert sie und zahlt dafür monatliche Raten. Früher kaufte er eine Installations-CD, um mit einem Textverarbeitungsprogramm arbeiten zu können, dann bekam er es in rein digitaler Form als Download – und heute im Abonnement als Cloud-Service, der regelmäßig aktualisiert und mit Upgrades verbessert wird.

»Software as a Service« und Lizenzvergaben sind heute schon Klassiker unter den digitalisierten Produkten im B2C- wie auch im B2B-Bereich. Ebenso bekannt und vertraut sind Musikanbieter, die mit physischen Produkten – der guten alten CD – gestartet sind und nun ihre gesamte Datenbank als Service vertreiben. Der Kunde kauft keine physische Platte mehr, sondern ein Abo, mit dem er auf Teile oder die gesamte Sammlung des Anbieters zugreifen kann, digital.

Software, Online-Musik, -Filme, -Zeitschriften, -Speicherplätze oder -Kurse sowie Finanz-, Wartungs- und Telekommunikationsdienste stellen digitale Produkte und Services dar. Es ist extrem sinnvoll, solche zu entwickeln und zu vertreiben, denn grundsätzlich handelt es sich um Informationen – und diese haben in unserer Gesellschaft einen besonderen Stellenwert. Viele

lassen sich als Service in Abonnements vermarkten, einige sind
zeitlich befristet (Verbrauchsgüter wie Software mit Lizenzen),
andere unbegrenzt (Gebrauchsgüter wie E-Books oder Serviceleistungen wie Plattformen). Was alle schaffen: Nutzen und Mehrwert für die Kunden –
und damit die Basis für erfolgreiches Wirtschaften in der heu-
tigen Zeit. Sie greifen zudem den Faktor Bequemlichkeit auf,
denn wir alle sind es: bequem, den einfachsten Weg suchend.
Bequemlichkeit lässt sich als wesentlicher Antrieb der digitalen
Strategie verstehen und nutzen – und digital sehr gut bedienen,
wenn man es richtig macht.

Vorgänge vereinfachen, Kosten senken, Vorteile schaffen

Die Cloud-Technologien beispielsweise haben die Strategie
»pay as you use« (»zahle nur, was du benutzt«) richtig ins Rollen gebracht: Man kauft keine Produkte für zehn Nutzer mehr,
sondern muss genau zweimal klicken, wenn man drei neue Mitarbeiter für eine bestimmte Software freischalten möchte. Das
gleiche passiert, wenn zwei andere das System nicht mehr verwenden müssen.

Abstrakt? Digital? Ja, aber auch Flugzeugturbinenhersteller
verkaufen nicht mehr ihre Turbinen – sondern Betriebsstunden
inklusive Wartung, Instandhaltung und weitere Serviceangebote. Der Kunde hat dadurch andere Ansprüche und Nutzen,
der Anbieter genauso. Die Kosten ändern sich ebenfalls, denn so
zahlt der Kunde wahrscheinlich monatlich ein wenig mehr, hat
aber keinen finanziellen Druck bei der Auslastung seiner Maschinen – er besitzt ja keine – und erhält mehr Unterstützung, muss
sich um weniger kümmern und gewinnt mehr Zeit für anderes.

Wie gesagt, im B2B geht es nicht um jeden Cent, dennoch
werden beide Seiten eher mit Gewinn aus diesen Beziehungen
gehen. Denn der Turbinenhersteller muss zwar noch immer produzieren – und damit langfristig gebunden denken und das Risi-

ko der hohen Investitionen tragen – sein Ertragsmodell ist aber
darauf angepasst und seine Liquidität durch die monatlichen Raten der neuen Abo-Modelle gewahrt. Marge erhält er jetzt durch
Produktmiete, Wartung, Service et cetera mehrfach, anstatt die
letztgenannten an Drittanbieter abzugeben. Schließlich kann er
diesen Service hundert Kunden anbieten, wodurch der Preis wiederum sinken und die Attraktivität steigen kann.

Das ist nicht risikoärmer als andere Modelle oder das frühere
Modell und muss noch lange nicht das Vielfache der Gewinne
machen, doch darum geht es gar nicht. Das Ertragsmodell ist
ein anderes und erfüllt die Erwartungen und Bedürfnisse des
Markts und der Kunden. Zudem kann der Flugzeugbauer und
jetzt -vermieter geleaste Turbinen in seinen Flugzeugen nutzen,
spart damit die Anschaffungskosten und kann sich um anderes
kümmern. Das Ziel ist immer: Rentabilität, Gewinn und Effizienz für alle, ohne zu hohes Risiko.

Digitalisierte Abläufe im Vertrieb schaffen Kundenzufriedenheit

Schnelligkeit in den Vertrieb zu bringen, ist schwierig, besonders
bei Investitionsgütern. Unmöglich ist es jedoch nicht, vor allem
digital und Schritt für Schritt. Doch zunächst sind die Entschei-
dungswege auf Kundenseite noch immer lang: Erst muss das Angebot ausführlich sein, dann geht es in Endlosschleifen förmlich
auf Weltreise, um alle Entscheider aus Abteilungen des Unternehmens und des Mutterkonzerns einzubinden und abzufragen.
Es folgen »leichte« Änderungen, die wiederum dazu führen, dass
das Prozedere von vorne beginnt. Plötzlich ist ein Jahr um, und
die Preise sind gestiegen, oder ein Vorstand wurde ausgewech-
selt, oder Bedingungen, Gesetzeslagen, Kundenanforderungen
haben sich geändert.

Das mag zunächst alles so klingen, als sei es außerhalb des
Einflussbereichs des verkaufenden Unternehmens. Dem muss

aber nicht so sein: Wenn es flexibel, schnell und vernetzt ist, können viele dieser Schritte für den Kunden mitgedacht und vereinfach werden. Mit solchen cleveren Justierungen lässt sich Zeit gewinnen, für das eigene und für das Partnerunternehmen.

Anpassungen des Angebots können durch Modifikationen der Anfrage über einen sicheren Kundenbereich so eingepflegt werden, dass die Kunden – egal wo und wann – sofort sehen können, was dies für sie bedeutet. Steigt der Preis über ihre Budgetgrenze, kann das Entscheidungsgremium zeitnah über Alternativen nachdenken. Ebenso, wenn die Änderungen gar nicht erst umsetzbar sind. Ändern sich externe Faktoren wie Richtlinien, Normen oder Gesetze, können diese zeitgleich und automatisiert berücksichtigt werden.

Solch eine Software muss nichts mit dem eigentlichen Produkt des Unternehmens gemein haben, sie kann aber sukzessive viele weitere Leistungen erbringen, dem Kunden die Zusammenarbeit erleichtern und zusätzlichen Nutzen bringen. Zunächst auf die Angebote ausgelegt, kann hier kontinuierlich nachgebessert und aufgestockt werden, Modulstruktur und digitales Denken sei Dank.

Mit digitalen Produkten und Free Content zu hundert Neukunden

Nehmen wir erneut einen konkreten Fall zur Anschauung: Eine kleine Unternehmensberatung, die auf ihrem Gebiet durchaus erfolgreich war, entwickelte den gesunden Ehrgeiz, Neukunden effizienter zu überzeugen und seine Produkte beziehungsweise Dienstleistungen neu und digital zu konzipieren. Ausschlaggebend waren zwei Aspekte ihrer Arbeitsinhalte und des Kundenverhaltens: Dem Unternehmen machte es regelmäßig zu schaffen, dass seine Kunden zum einen ausschließlich die Beratungsleistungen in Anspruch nahmen und dann – da zufrieden und mit einer Lösung beglückt – für längere Zeit verschwanden.

Zum anderen wollten sie das klassische Problem aller Unternehmensberater aushebeln: Die Kunden kommen meist, wenn es eigentlich schon zu spät und das Problem groß ist. Natürlich profitieren viele Berater genau davon, die akute Dringlichkeit lässt schließlich kein langes Zögern zu, und das wiederum erlaubt eine angenehme Preispolitik. Dennoch sind die Probleme der Kunden oft bereits zu großen Baustellen herangewachsen, deren langwierige Bearbeitung zu Verdruss und Unzufriedenheit führen kann. Dabei haben die Kunden als Unternehmer und Geschäftsführer durchaus ein Gespür dafür, dass etwas nicht stimmt – dies verleitet sie jedoch immer wieder dazu, es erst mal auf eigene Faust zu versuchen. Die Kosten: horrend, denn neben der verlorenen Arbeitszeit führt die steigende Frustration dazu, dass gesamte Mannschaften schwächeln. Trotz des unangenehmen Gefühls, dass jemand »Fremdes« seine Nase in die Geschäftsbücher steckt, erwächst zumindest im häufig letzten Moment die Einsicht, dass ein externer Berater wohl nötig ist. Das Konzept des hier gemeinten Unternehmens setzt allerdings früher an und bietet einen vorausschauenden wie auch nachhaltigen Umgang mit seinen Schwerpunktthemen wie beispielsweise Personalentwicklung und Qualitätsmanagement.

Das Ziel der neuen Online-Marketing-Strategie lag nun in einer längerfristigen Bindung der Führung und Entscheider – und damit der Unternehmen, ob bekannt oder neu. Sie sollen nicht nur punktuell und kurz vor dem internen »Brand« die Dienste nutzen, sondern davor und danach. Um dies zu erreichen, hat die Beratung Know-how- und Service-Angebote ausgewählt, die sie als Free Content – also als kostenlosen Service – für Stammkunden, potenzielle Kunden und Interessierte zur Verfügung stellte. Umgesetzt beispielsweise als Whitepaper oder Software für den Umgang mit Personalbeurteilungen, Qualitätsmanagement und weiteren Themen galt es dann, dieses Material an die Unternehmer zu bringen – und diese wiederum auf längere Sicht dazu, das bezahlte Beratungsangebot zu nutzen.

Die Lösung bestand schließlich in der Umsetzung des Free Contents als Produkte, die es zu bewerben und vermarkten galt. So wurden für die acht ausgewählten Angebote acht Landing-Pages erstellt, auf denen sie eigenständig und mit gehobener Wertigkeit präsentiert wurden. Dadurch konnten sie intuitiver und einfacher beworben werden – und ihren Zweck erfüllen, nämlich Kunden zu den eigentlichen Webseiten und kostenpflichtigen Produkten des Unternehmens führen. Dazu wurden zunächst auf wohldurchdachte Suchbegriffe, die in Verbindung zu den acht kostenfreien Produkten stehen, SEA-Kampagnen gestartet, die direkt auf die Landing-Pages verlinkten. Um ein Whitepaper oder eine Software zu erhalten, wurden die Interessenten dann um ihre Kontaktdaten gebeten und die erwünschten Inhalte kurze Zeit später an diese versendet.

Wenn solche Inhalte wirklich einen Mehrwert bieten und (potenzielle) Kunden an ihnen Gefallen finden, lässt sich damit entscheidendes Vertrauen aufbauen – wie auch die Unternehmensberatung erlebte: Durch ihre Expertise und die freie Weitergabe dieses professionellen Wissens begannen die Kunden, sich intensiver mit den Themen, zum Beispiel Qualitätsmanagement, auseinanderzusetzen. Haben sie dies getan und sind schließlich an die Grenzen ihrer Umsetzungsmöglichkeit gestoßen, lag es praktisch auf der Hand, sich an das Beratungsunternehmen zu wenden – und schließlich auch weitere, bezahlte Produkte in Anspruch zu nehmen. Allein die Frage, ob man eine Beratung benötigt, konnte an diversen Stellen nicht nur geschickt platziert werden, sondern auch beantwortet. Dies ist in der spezifischen und hochsensitiven Branche dieses Beispiels nicht selbstverständlich, schon gar nicht ohne eine Vertrauensbasis, doch genau das hat der Free Content etablieren können. Dies, die gestalterische Umsetzung der Webseiten und die Verlinkungen schufen Nähe des Unternehmens zum Kunden und Chancen, sie in Gewinn umzuwandeln.

Wichtig waren aber ebenso die Maßnahmen, um die acht

Service-Produkte an den Kunden zu bringen – denn der beste Inhalt bleibt ungelesen, wenn niemand weiß, dass es ihn gibt. Die Auswahl der Suchbegriffe, Zielgruppen und Kanäle – neben Google und weiteren Suchmaschinen wurden auch Plattformen, Foren, Blogs und Webseiten anderer Unternehmen aus gleicher Branche verwendet – wurde mehrfach optimiert und justiert, um eine möglichst hohe Reichweite mit den gewünschten Reaktionen der Zielgruppe zu erhalten.

Dank der erhaltenen Daten und den inhaltlichen Zusammenhängen griffen danach auch die Retargeting-Strategien ausgesprochen gut – warme Akquise der digitalen Zeiten, wenn man so will: Diese Bannerwerbung, die gezielt an potenzielle Kunden ausgeliefert wurde, die zuvor auf den Landing-Pages waren, lieferte erneut Inhalt, der das Vertrauen weiter wachsen ließ, und bot zudem Fallstudien mit Best Practices und Erfolgsgeschichten an, um an konkreten Lösungen zu zeigen, welche Vorteile sich aus den (bezahlten) Produkten ziehen lassen. Der Weg des Kunden hin zum Gedanken, dass man selbst vielleicht auch vorausschauend vorgehen möchte, war nicht mehr weit – und der Weg zur entsprechenden Unternehmensberatung ohnehin nicht: Ein weiterer Klick, und schon konnte ein Termin vereinbart werden.

Das Unternehmen konnte innerhalb eines Jahres fast genau hundert Kunden generieren. Der Preis für die Marketingstrategien lag bei circa 240 Euro pro Kunde, mitunter dank generischer Suchbegriffe für die acht Landing-Pages. Oftmals handelte es sich bei den Begriffen schlicht um die klassischen »kleinen Dinge«, die jeder kennt, für die im Zweifel aber kein Budget vorliegt, obgleich sie den Arbeitsalltag durchaus erschweren. Genau diese Nische hat die Beratung genutzt, in sie investiert, den potenziellen Kunden geholfen – und die Leads zu diesen Themen gewonnen. Diese konnten von allen acht Landing-Pages gebündelt eingefangen werden, nachdem die acht Kampagnen sie identifiziert und angelockt haben. Waren die Zielgruppen einmal auf den Webseiten, griffen die Retargeting-Maßnahmen und erneut konnte das Unternehmen seine Produkte ideal und maßgeschneidert platzieren.

Die Umsetzung der Landing-Pages und ihrer Inhalte durch die jeweiligen Experten und Agenturen sind in der genannten Summe nicht inbegriffen. Wer allerdings weiß, was ein Kunde für eine Unternehmensberatung einbringt, wird verstehen, welche Effizienz hier vorliegt. Die hundert gewonnen Neukunden müssen nun erst einmal gehandhabt werden – prinzipiell lassen sich jedoch die aufgebauten Strukturen weiterverwenden: Angenommen, es handelt sich bei der spezifischen Zielgruppe um Automobilzulieferer, so liegt es nicht weit, potenzielle Kunden zu identifizieren, die ein anderes Produkt, aber einen ähnlichen Kundenkreis haben: Supplier oder Finanzdienstleister, die mit den Kunden zusammenarbeiten, können ebenso interessant sein. Welche dieser Zielgruppen auch nach der Beratung bleibt, werden die Zeit und der Mut der Unternehmensberatung zu weiteren, neuen Maßnahmen zeigen. Grundsätzlich schafft die bisherige Strategie jedoch schon eine stärkere Bindung, als es zuvor möglich war.

Wie kostenloser Service zu mehr Umsatz führt

Der Einwand, dass die Kunden bei Weitem nicht immer bereit sind, dafür zu bezahlen, ist keiner, wenn man digital denkt. Hier ist die Gratwanderung zwischen Gewinnorientierung und Kundengewinnung entscheidend: Mit Free Content lässt sich nur mittelbar Gewinn erzielen, nämlich via Branding und Reputation: Wenn die Kunden Vertrauen bilden, sich binden und schließlich weitere Produkte oder Dienstleistungen kaufen, hat sich diese Investition gelohnt. Hier muss wie so oft individuell entschieden werden, welche digitalen Produkte frei und welche bezahlt funktionieren. Wir alle kennen dies bereits als Nutzer: Die freie Version bietet schon Vorteile, die bezahlte zusätzliche, die mal mehr, mal weniger relevant sind und nur einen Teil der Kundschaft interessieren.

Deshalb dürfen diese Produkte nicht stillstehen, sondern müssen konstant weitergedacht werden. Mit digitalen Produkten und den richtigen Denkmustern lässt sich dies realisieren. Wie gesagt, die Digitalisierung bringt alles mit, um diese neuen Konzepte umzusetzen – mit dem Kunden ebenso im Fokus wie mit dem eigenen Geschäftsmodell: Sollen die digitalen Produkte die Haupteinnahmequelle werden oder die Kunden dazu bringen, andere zu kaufen? Brauchen sie die neuen Funktionen wirklich oder war das eine Fehleinschätzung? Und haben sie überhaupt mitbekommen, dass es diese neuen Features und Produkte gibt? An all diesen Stellschrauben lässt sich zu jedem Zeitpunkt drehen, vor allem aber sind sogar nicht-erfolgreiche Services und Produkte kein existenzgefährdendes Versagen, sondern ein Learning auf dem Weg zum besseren Verständnis des Kunden.

Wer strategisch und digital vordenkt und den Kunden im Blick behält, muss sich nicht ernsthaft sorgen, dass er umsonst plant. Besonders im B2B-Bereich kann ein Unternehmen mit dieser Perspektive vorgeben, was seine Kunden lieben werden – und sie werden es tun. Dafür bedarf es mehr, als reine Copycats zu sein, vor allem aber die Kundensicht. Mit der Einstellung, dass die eigenen Produkte schon toll genug sind und die Kunden diese einfach brauchen, wird das natürlich nichts.

3.5 Komfortzonen verlassen und neue schaffen – für sich und seine Kunden

Wem es bislang nicht aufgefallen ist: Es geht nicht nur um die Digitalisierung der bestehenden Produkte und des bekannten Know-hows. Wichtig ist, dass Unternehmen beginnen, über digitale Produkte nachzudenken, die auf den ersten Blick nicht in ihr Metier fallen: Schraubenhersteller, Obstverkäufer oder

Unternehmensberatung – sie alle haben Kunden, die digitale
Serviceleistungen zu schätzen wissen. Ob sie die Bezahlung,
Logistik oder den Kundenkontakt vereinfachen und effizienter
gestalten, ist dabei nebensächlich, und zwar auf beiden Seiten.
Weder muss der Obstverkäufer bei seinen Äpfeln bleiben
noch sein Kunde nur diese von ihm erwarten. Denn die neue
Unternehmensstrategie kann und muss Möglichkeiten eröffnen,
die weit über Gemüse oder Milchprodukte als »Innovationen«
hinausgehen. Hat der Obstverkäufer die treibende Idee der Digitalisierung verstanden, kann sie ihn in die Lage versetzen, Ge-
sundheits-Apps zu verkaufen, Employer-Branding-Maßnahmen
zu erstellen, Feel-Good-Manager zu schulen oder Supermärkte
zu beraten. Dazu muss er nicht nur Mut und strategischen Weitblick haben, sondern auch das aktuelle Kundenverhalten verstehen, entsprechend kommunizieren und eine geschickte Preispolitik entwickeln. All das lässt sich Schritt für Schritt lernen und
umsetzen.

Im B2B-Bereich ist es beispielsweise der Maschinenbauer, der
seine Maschinen im monatlichen Abonnement anbieten und
dann an Service, Wartung und Instandhaltung verdienen kann.
Und ja, es kann auch um Maschinen aus der Industrie für 500.000
Euro gehen. Rechtlich und logistisch ist dies umsetzbar. Entscheidender ist, dass der Unternehmer das in seinen Denkstrukturen
zulässt, für umsetzbar hält. Er wird sich wandeln müssen, die
alten, starren Ideen seiner Produkte überdenken müssen – und
zwar nicht nur einmal. Wohin kann er sein Produkt entwickeln?
Welchen Mehrwert kann er seinen Kunden bieten? Was brauchen oder wollen die Kunden überhaupt? Sind es Maschinen, die
man für viel Geld kauft und dann lange ausgelastet nutzen muss,
oder wollen sie lieber kurzfristig Kapazitäten für ihre Auftrags-
spitzen in der Produktion? Und diese on the fly kaufen, online?
Gespeicherte Einstellungen, geplante Aufträge aller Kunden,
Profis am Gerät – so könnte ein eigentlicher Maschinenverkäu-
fer zum »digitalen Lohnfertiger« werden. Parallel, ausschließlich

oder auf Zeit – das muss individuell entschieden werden. Entschieden werden muss zunächst aber Grundsätzliches, nämlich die Bereitschaft, solche neuen Wege zu gehen.

Man muss kein IT-Unternehmen führen, um digital zu denken oder Ideen für digitale Produkte zu entwickeln und zu nutzen. Es reicht, mit offenen Augen und als Konsument und Nutzer durch die Welt zu gehen. Amazon ist zwar in der Tat irgendwie alles – auch ein IT-Unternehmen mit viel Kapital –, hat aber vor allem die richtigen Köpfe mit der nötigen Portion Mut. Und so ist in den USA der erste Test-Supermarkt gestartet, in dem die Kunden sich frei bewegen, einkaufen und einfach wieder gehen. Die Smartphones werden erkannt, der Kunde damit auch – und schon erfolgt die Abrechnung wie immer bei Amazon – irgendwie und irgendwo im Hintergrund. Der Kunde muss sich mit solchen Kleinigkeiten nicht befassen, er kann unbeschwert konsumieren. Amazon hingegen hat seine Kunden glücklich gemacht, weiteren Service und Komfort geschaffen – und für seine eigenen Ziele noch nebenbei den nächsten Schritt zum »Customer-driven Pricing« getan: Big Data sei Dank könnte Amazon nun auch offline sofort erkennen, welcher Kunde gerade einkauft – und welchen Preis jeder individuell zu zahlen bereit ist, sodass dieser entsprechend angepasst wird. Ähnliches kennen wir bereits aus der Online-Welt: Die gleiche Reise kostet vom heimischen PC aus weniger als über das iPhone. Einige Händler haben bereits elektronische Preisschilder, die Voraussetzungen für solche schnellen und individuellen Vorgehen stehen in den Startlöchern.

Dies mag für den B2B-Bereich zunächst nicht so relevant erscheinen – doch auch hier gilt: Weiterdenken! Wenn es nicht der Preis beziehungsweise der Supermarkt ist, sind es vielleicht die Maschinen in der Fertigungshalle: Wo steht der Auftrag gerade, wer arbeitet an welchen Maschinen, wo herrschen Engpässe? Die Smartphones der Mitarbeiter verbinden sich mit den Maschinen, die sie gerade bedienen, und leiten die Informationen weiter. Wenn etwas fehlt, nachbestellt oder verändert werden muss, reicht ein Klick, ob an der Maschine oder am Smartphone. Durch solch ein Tracking lässt sich allerdings nicht nur der Workflow des Kunden optimieren, sondern auch der eigene, inklusive Auslastung und Gewinn: Mit den richtigen Daten und ihrer Vernetzungen kann ein kundengetriebener Fertigungspreis dazu führen, dass die Preise bei Lastspitzen dynamisch steigen, während sie bei Auftragslücken günstiger werden und Sonderkontingente erworben werden. Solche »Restportale« können für manch einen Mittelständler eine enorme Entlastung darstellen, schließlich stressen diese lauen Phasen nicht nur die Kasse, sondern auch die Organisation, das Lager und die Mitarbeiter.

Wie gesagt, das Unternehmen muss dafür nicht aus der IT-Branche kommen. Es muss nur ein Auge für seine Kunden, digitale Strukturen und effiziente Arbeitsabläufe haben. Dann kann es als Maschinenbauer plötzlich doch digitale Produkte anbieten, die seinem Kunden so nützlich sein können wie die Maschinen selbst. Und vielleicht sogar mehr, denn die Maschinen wird der Kunde bald nicht mehr kaufen, sondern mieten wollen, oder eine App erwerben, die seine Abläufe mit – gemieteten wie gekauften – Maschinen bequemer und schneller macht.

Apps für jede Branche, jedes Unternehmen, jeden Kunden

Apps sind für viele Unternehmen und Produkte eine interessante Zusatzleistung, etwa die Vertriebshilfe im Beispiel in Kapitel 3.4 (»Digitalisierte Abläufe im Vertrieb«). Dennoch können sie schnell zu einem »Werbekugelschreiber« werden – nicht unpraktisch, aber Massenware ohne USP. Wenn nicht in den richtigen, in digitalen Maßen gerechnet wird und der Kunde nicht im Fokus steht, sondern der blinde Aktionismus, wird so eine App irgendwo im Store landen und dort ungenutzt in der Versenkung verschwinden.

Der Plan muss lauten: Mach dem Kunden seine Prozesse so

einfach wie möglich. Das können Apps, wenn man sich Mühe gibt, die Zielgruppe kennt, nicht nur in Insellösungen denkt und sich klarmacht, dass jedes dieser Produkte ein Zwischenschritt zum nächsten ist. Nach spätestens zwei Jahren ist auch eine richtig gute App überholungsbedürftig, braucht neue Funktionen und Schnittstellen. Geht das Unternehmensmodell nicht sowieso diesen Weg, wird jede Änderung, jede Innovation zu einer Quälerei, die das Unternehmen aus dem Arbeitsalltag reißt – der ohnehin nicht mehr lange fortbestehen wird, wenn er so starr ist. Es ist wie bei alten Rohren, deren Brüche man ein ums andere Mal repariert, ohne sich Gedanken über die gesamte Anlage und Struktur zu machen. In regelmäßigen Abständen gibt es Rohrbrüche, Überschwemmungen, Reparatur- und Aufräumarbeiten. So macht Arbeiten keine Freude.

Allerdings macht es auch keinen Spaß, wenn man stetig Mammutprojekte vor sich sieht, die noch nicht mal direkt mit dem eigentlichen Produkt zusammenhängen. Erneut mangelt es dann an Fantasie und Mut – denn es müssen und sollen keine Mammuts sein. Solange sie zunächst eine wirklich gute Funktion haben, stehen die Chancen gut, dass die Kunden sie aufgreifen. Dann ist ein Puzzlestück da, das sich nach und nach von weiteren einrahmen lassen kann. Wichtig ist hierbei, dass das Puzzle als Ganzes im Bild bleibt, inklusive Kontext, auch Strategie genannt.

Neue Strategien testen, alte Werte wahren

Die Beispiele zeigen, dass der Wandel zu neuen digitalen Produkten nicht alles zunichtemachen muss, was zuvor aufgebaut wurde. Nur weil eine App oder andere Zusatzfunktion kommen und den Kunden relevante Mehrwerte bieten, müssen die bestehenden haptischen Produkte nicht aufgegeben werden, vor allem nicht, wenn sie gut sind und nachgefragt werden. Die App folgt auf die Maschine und soll dieser als Zusatzfunktion dienen. Und warum sollte der Autopilot beim Auto nicht später integriert und als Sonderausstattung verkauft werden können? BMW und Daimler machen es mit einer anderen Strategie vor: Carsharing – neben dem klassischen Autovertrieb: Plötzlich ist es eine Dienstleistung, die gefragt ist. Der Großstadtmensch will immer seltener ein Auto als Eigentum, er muss vornehmlich von A nach B kommen, und das möglichst einfach, bequem und schnell. Fast intuitiv und logisch, dass man mobil, nämlich mit dem Smartphone, flexibel bleiben kann. Ähnliches lässt sich bei der Entwicklung auf dem Smart-Home-Sektor beobachten. Hersteller von Tür- und Fenstergriffen denken um – und bauen Sensoren, die sich in die bestehenden Griffe integrieren lassen und Daten an die Smartphones der Bewohner senden: Das Fenster steht offen, wurde gerade geöffnet, sollte zwecks Lüftung geöffnet werden. Türgriffe werden bei der aktuellen Bau- und Renovierungsfreude weiterhin gebraucht, doch der neue Geschäftszweig greift etwas auf, das zuvor kaum jemand angedacht hatte: Ein Fenstergriff, der mehr kann, als ein Fenster zu öffnen. Und Kunden, die Interesse daran haben, mit ihren Fenstergriffen mehr zu tun. Es ist nicht Jeff Bezos allein, der vorausdenkt und seine Kunden aufmerksam beobachtet, ihnen Angebote in Form von Produkt, Dienstleistung oder Service präsentiert, von denen sie womöglich gar nicht wussten, dass sie sie brauchen.

Mit Produkten zu Dienstleistern werden

Der Wandel vom Produkt zur Dienstleistung und umgekehrt ist für viele noch immer unvorstellbar, ob Kunden, Hersteller, Lieferanten, Kundenkunden. Nicht nur vorstellbar, sondern Realität ist hingegen die Tatsache, dass andere genau das bereits tun – und damit der Wechsel von Kunden zu diesem Anbieter unmittelbar bevorsteht. Wenn es also um Risiko geht: Dieses ist geringer, wenn ein Unternehmen in den Wandel springt, als dass es auf die Trägheit und Bequemlichkeit seiner bestehenden Kunden hofft. Wenn es um ein neues haptisches Produkt geht, beschwert aber allein die Idee für die klassischen Mittelständler ewig lange Entwicklungswege und Kosten, Kosten, Kosten. Selbst wenn sie so clever sind, an die Zielgruppe zu denken und nicht erst Jahre still und heimlich an etwas zu arbeiten, bevor es auf den Markt kommt, sehen sie nur horrende Investitionen und hohes Risiko.

In der Tat war früher allein die klassische Marktforschung ein komplexes Unterfangen, das kaum ein Unternehmen alleine meistern konnte. Dank digitaler Strukturen muss es das aber auch nicht mehr. Denn nun gibt es andere Wege und Möglichkeiten, sich auszuprobieren und gleichzeitig den Bedarf diverser Zielgruppen zu identifizieren. Durch die starke Vernetzung und die Streumöglichkeiten in bestimmte Gruppen hinein lässt sich heute schnell ein erstes Feedback einholen, auf dem man aufbauen kann, bevor man in die tatsächliche Produktion einsteigt und wirklich intensiv investiert. Auf den Punkt gebracht kann man heute eine Landingpage und ein wenig Werbung nutzen, um einen Eindruck zu gewinnen, ob das geplante Produkt Interesse weckt. Während die Kosten dafür sich je nach Aufwand auf 3.000 bis 8.000 Euro belaufen, verschlingt eine Marktforschungsstudie an gleicher Stelle schnell mal satte 30.000 Euro.

Die diversen Kanäle und die entsprechenden Kommunikationsformen erlauben eine wesentlich authentischere Entschlüsselung des Kundenverhaltens und der Wünsche, und zwar bevor das gesamte Geld investiert und das Produkt vollständig fertig entwickelt ist. Der Hersteller geht nicht auf den Markt, nachdem alles steht, sondern während ihm die Idee kommt. Es muss nicht das finale, perfektionierte High-End-Produkt sein – der Prototyp darf seinem Namen alle Ehre machen und die ersten entscheidenden Funktionen aufweisen. Ausgebaut und »perfektioniert« wird er später – wenn das überhaupt noch so bezeichnet werden sollte. Denn Perfektion ist grundsätzlich ein gar nicht mehr angestrebtes Ziel – selbst wenn es möglich wäre. Kundenwünsche und Technologien entwickeln sich in so schnellen und harten Schnitten, dass eine langwierige Planung risikobehafteter ist als die schnelle Veröffentlichung aktueller Zwischenstände.

»Minimum Viable Products« (MVP) als erste praktikable, nutzbare Produkte hingegen lösen – wenn sie gut sind – zeitnah ein Problem einer Zielgruppe und schaffen dadurch schon einen entscheidenden Vorteil: weil sie dort starten, wo der Bedarf ist, und sich nach diesem richten. Der Hersteller – ob eines physischen oder eines digitalen Produkts – kann die potenziellen Nutzer mit diversen Maßnahmen live analysieren oder sie sogar direkt in die Entwicklung einbinden. Via Crowdfunding kann er die Ideen der Kunden sogar nutzen, um sein Produkt zu finanzieren: Viele möchten und können sich nicht nur konzeptionell, sondern finanziell einbringen.

Auf Start-up-Plattformen laufen solche Konzepte sehr gut, und im B2B-Bereich kann das mehr als interessant sein – wenn sich jemand traut und mit anderen Unternehmen Modelle vorantreibt. Diese Firmen müssen nicht unbedingt zum direkten Wettbewerb gehören, können aber grundsätzlich aus allen Branchen, in allen Größen und mit jedem Wissen und Know-how eingebunden werden. Wenn sie Thema sowie Form der Zusammenarbeit und Produktentwicklung interessieren und reizen, sind sie gute Partner. Ebenso wie Kunden es sein können, denn sie sind ebenso immer häufiger gewillt, Produkte mitzuentwickeln. Bei beiden müssen die Sorgen und Ängste bezüglich Diebstahl geistigen Eigentums – der eigenen »Ingenieurskunst« – so schnell wie möglich beiseitegeschoben werden. Sie bremsen nur, helfen aber in keiner Weise – denn durch sie wird das Produkt auf »Nummer sicher« immer unattraktiver, die Wege »sicherheitshalber« doch klassisch.

Wer allerdings mutig vorangeht, wird meist belohnt: Der Kunde gibt Feedback – und kann vom Konsumenten zum Prosumenten (Produzent und Konsument) werden. Wenn er dafür

nicht in Echtzeit-Workshops am anderen Ende des Landes in
stickigen Räumen sitzen, Urlaub oder wichtige Arbeitszeit op-
fern muss und keinen direkten Austausch hat. Digital gedacht,
werden Interessierte in Online-Prozesse zusammengebracht,
sodass der Austausch ad hoc geht, mobil, fluide.

Digitale Produkte führen zu neuen Kunden

Ein weiterer Punkt kommt hinzu, der genauso mit der starren
Haltung und Kurzsichtigkeit des B2B-Geschäfts zusammenhängt: Unternehmen müssen nicht nur ihre aktuellen Kunden
und ihre sich wandelnden Wünsche und Erwartungen im Blick
haben. Sie müssen – sie dürfen! – sich auch neuen Kundengruppen zuwenden, denn die konkreten »klassischen« Produkte lassen sich neu denken, anwenden, vermarkten.

Nehmen wir als Beispiel die Betonindustrie: Auf den ersten
Blick wirkt sie ziemlich traditionell und spröde – und es scheint
in Beton gegossen, dass sie ausschließlich die Baubranche als
Kunden hat. Was soll man denn da groß digitalisieren? Und wozu
sich eine ausgeklügelte Online-Strategie ausdenken? Man wird
gefunden, wenn Baufirmen Beton brauchen, und die meisten
Kunden kennt man ohnehin seit Jahren. Das ist sehr traditionell
gedacht – andere würden es heute allerdings schon hinterwäld-
lerisch nennen.

Denn es gibt Unternehmen in der Betonindustrie, die sich
neue Märkte erschlossen haben – mit Ideen, für die sie wirklich ihre Komfortzone verlassen und mutig gedacht haben. Sie
produzieren heute Tischplatten, Tablet-Halterungen, Deko-Ar-
tikel. Alles aus Beton – wobei dieser Stoff plötzlich nicht mehr
ein Bedarfsgut, sondern Designermaterial darstellt und entsprechend wesentlich wertvoller ist. Der Kunde ist nun der Endkon-
sument, dieser Teil des Business wurde also von B2B zu B2C ver-
lagert – erfolgreich. Gleichzeitig wird Geld in Entwicklung und
Forschung gesteckt, um Spezialbeton zu entwickeln: Für den

Straßenbau kann Beton vermarktet werden, der verhindert, dass Benzin oder Öl in das Grundwasser eindringen. Auch hier wurde eine Nische besetzt – oder mehr noch, sie wurde kommunikativ bewusst hergestellt und ein Angebot produziert, das bislang vielleicht keine Nachfrage kannte. Mit der richtigen Strategie lässt sich dies aber ändern, Kunden überzeugen, Märkte erschließen. Und dann geht es eben nicht mehr nur um Fundamentplatten oder Pflastersteine.

Das bedeutet nicht, dass man sein klassisches Geschäft aufgeben muss, die gerade beschriebenen Konzepte werfen zumindest zu Beginn meist nicht so viel ab wie das große Baugeschäft. Doch auch das kann sich schnell ändern: Die ersten 3-D-Roboter sind bereits unterwegs und spritzen Häuser. Hier werden andere Substanz-, Liefer- und Logistikstrukturen benötigt als bisher. Wenn ein Betonbauer nur Fundamentwände oder -platten gießt, ist er aus diesem neuen Geschäft erst einmal raus – oder kommt in dieses gar nicht erst rein, weil die Umsetzungsmöglichkeiten ebenso fehlen wie das Know-how. Dieser Markt fliegt dann einfach an ihm vorbei.

Darauf wären Sie gar nicht gekommen? Doch, auf solche Ideen kann man kommen – und sie auch wirklich umsetzen. Dafür müssen aber das Geschäftsmodell und die Strategie als Fundament flexibel, offen und digitalisierungsaffin sein. Und schon kann man als Spedition, die klassisch im B2B-Bereich Anfragen der Form »Verschick mir meine Paletten!« verarbeiten, neue Wege gehen. Denn plötzlich kommen eBay-Händler, die es nicht mehr schaffen, nach Feierabend zig Pakete zu verpacken und zu verschicken – und die wahnwitzige Idee haben, einen Spediteur nach Full Service zu fragen: »Ich miete einen kleinen Lagerplatz bei dir, du nimmst meine Pakete, lagerst sie, verpackst und verschickst sie.« Schon geht es nicht mehr um das Geschäft mit den Großkunden, sondern um wesentlich kleinere Player mit deutlich kleinerem Transaktionsvolumen, aber einer viel höheren Marge, einem viel höheren Deckungsbeitrag.

Das hat bereits funktioniert, weil dieser Spediteur sich erstens nicht verschlossen hat gegenüber solchen Modellen und er zweitens sichtbar war. Die eBay-Händler wären möglicherweise gar nicht auf die Idee gekommen, ihn anzufragen, doch dank seiner Präsenz – die zunächst gar nicht auf diese Händler abzielte – konnte diese Zusammenarbeit entstehen. Und diejenigen, die doch nach diesem Angebot gesucht haben, wurden eben fündig, weil sie erkannten, dass sie die bestehenden Speditionsdienstleistungen etwas abgewandelt nutzen können.

Diese Beispiele deuten übrigens auch an, dass die gute alte Trennung von B2B und B2C nicht ewig bestehen muss. Wenn ein Hersteller bislang an Handwerker und Händler geliefert und schwerfällige regionale Distributionsmodelle bedient hat, weil er nun mal Fachleute brauchte, kann er heute kürzere und flexiblere Wege suchen. Und zwar direkt zum Verbraucher, da dieser heute besser informiert ist als noch vor einigen Jahren. Dank How-to-Videos, Foren und einfach zu bedienenden – smarten und digitalen – Geräten lassen sich die langen Ketten über Fachgeschäfte und Fachleute vermeiden, der Endverbraucher direkt zum Kunden machen.

B2B kann also auch B2C! Warum auch nicht? Was früher über die Einzellogistik ging, kann nun ohne Umwege und Handelsmänner online bestellt und dank einfacher Technik direkt umgesetzt werden. Und ja, nicht jeder kann das alles, und nicht jeder ist gewillt, sich alle Informationen einzuverleiben und alles selbst zu lösen. Die Endverbraucher können durchaus zahlreiche Verhaltensmuster zeigen. Doch für flexible Unternehmen öffnet auch das nur eine neue Tür: Unterstützung, Hilfestellung, Service als Produkt. Nächstes Geschäftsmodell gefällig? Bitteschön.

Schnittstellen zwischen haptischen und digitalen Produkten nutzen

Diese digitalen Strukturen sind von der besagten intelligenten Vernetzung nicht mehr weit entfernt: So wie der Kühlschrank die Milch nachbestellen soll, kann das Auto automatisiert alle Verkehrsressourcen prüfen und den Fahrer bei der schnellen Heimfahrt unterstützen. Die Stanzmaschine prüft dank neuer Software selbständig, welche Aufträge sich wie am geschicktesten planen lassen, sodass alles termingetreu fertig wird und sie konstant und optimal ausgelastet ist.

Es geht noch freier, neuer, disruptiver: Bei einer Fast-Food-Kette hat der Druckerlieferant seine Schnittstelle genutzt, um weitere Dienstleistungen zu verzahnen und die Filialmitarbeiter zu entlasten. Jetzt können alle Filialen von einer Plattform aus bestellen – und zwar nicht nur Druckerbedarf, sondern zum Beispiel auch Strohhalme. Damit hat der Druckerlieferant mehrere Fliegen mit einer Klappe geschlagen und sich beinahe unabkömmlich gemacht: Erstens hat er einen zusätzlichen Service geboten, indem er den Bestellvorgang digitalisiert hat, zweitens hat er diesen Vorgang für alle Filialen ermöglicht und damit standardisiert. So hat sich drittens das gesamte Unternehmen – und eben nicht nur eine Filiale – an ihn gebunden und wird so schnell keinen Wechsel des Lieferanten einleiten. Und viertens hat der Lieferant seinem Kunden ermöglicht, seinen Service noch besser zu nutzen: Nicht nur der Druckerbedarf wird nun über das System geregelt und bestellt, sondern auch andere und zunächst völlig abwegig erscheinende Nachfragen. Aktuell sind es Strohhalme, doch das ist nun nebensächlich. Entscheidend ist, dass jemand konzeptionell diesen Schritt gegangen ist und diese »Verbindung« zwischen Lieferanten für Drucker und Strohhalme entstehen ließ. Jetzt können diverse andere Ideen hinzukommen, ob Servietten, Soßen oder Stühle. Die Plattform liegt bereits vor, alle Filialen haben Zugriff, die Basisvernetzung ist da und lässt Raum für neue effiziente Verbindungen und weiteren Service. Quergedacht im wahrsten Sinne des Wortes.

Mit Plattformökonomie direkt zum Kunden stoßen

Was hier im Kleinen beschrieben wurde, ist als Plattformökonomie bereits bestens bekannt, wenn auch eher durch die altbekannten Großen. Amazon hat diese Plattformökonomie perfektioniert, aber Uber, Airbnb, Facebook, iPhones und Android-Smartphones sind ebensolche Plattformen: Sie bieten und kontrollieren den Zugang zu bestimmten Inhalten, Produkten oder Dienstleistungen. Sie tun dies durch den so einfachen wie nutzerfreundlichen Service: alles vereint auf einer Plattform. Der Nutzer muss nicht zwanzig Webseiten einzelner Anbieter öffnen, sondern erhält alles mit einem Klick auf einen Blick. Grundsätzlich ist dies eine Gewinnsituation für alle Seiten: Der Plattformanbieter hat ein skalierbares System, das, je größer es wird, immer mehr an Wert erlangt. Der Kunde kann schnell und bequem alles finden und vergleichen, was er sucht. Die Anbieter haben die Chance, ihre Angebote an wesentlich mehr potenzielle Kunden zu bringen als auf ihren eigenen Seiten oder in ihren individuellen Shops.

So groß wie die Genannten muss es aber gar nicht sein, denn das Internet hat dem Dasein von Nischenprodukten, -ideen und -branchen zu einem neuen Hoch verholfen. Früher endeten die Charts bei 100, waren die Regale irgendwann voll, sodass Produkte, die nur für wenige interessant waren, kaum bekannt werden konnten. Heute ist das anders: Ob besonderer Beton, spezialisierte Maschine oder Software, in den Weiten des Internets haben sie ihren Platz – und können mit cleverer Marketingstrategie genauso gefunden werden wie ein Mainstreamprodukt. Wenn es also »nur« fünf Anbieter und zwanzig Nutzer einer bestimmten Software gibt, kann es dennoch sehr effizient sein, diese auf einer Plattform zu verbinden, gerade im B2B-Bereich – und besonders heute: Die Nutzer erwarten das geradezu, um schnell und individuell bedient zu werden, und die Anbieter werden ebenfalls Vorteile aus diesen Strukturen ziehen, wenn sie sich erst einmal vom klassischen Wettbewerbsdenken verabschiedet haben. Neben der Chance, diese Plattform selbst aufzubauen und somit nach eigenen Spielregeln zu gestalten, lässt sich aus dem Zugang zu der Kundengruppe und zu ihren Daten jede Menge Potenzial schöpfen. Man muss dieses allerdings erkennen lernen.

Das alles passiert aktuell noch recht selten, wobei hier nicht der Kunde, sondern der Produzent die bremsende Kraft ist, und zwar bei neuen haptischen wie auch bei digitalen Produkten, bei solchen, die naheliegen, und solchen, die um die Ecke gedacht sind. Jedes davon kann als »Minimum Viable Product« auf den Markt gebracht und live, also mit den Kunden getestet und optimiert werden. Doch es fehlt schlicht noch an Motivation, sich auf diese Wege zu begeben – der Druck, zu kooperieren, ist noch nicht groß genug. Auch wenn klar ist, dass Einzelgänger heute kaum mehr Chancen haben, obsiegen Angst oder Unwissenheit.

Dabei könnte all dies selbst beim klassischen Maschinenbauer großen Anklang finden: Denkt er digital, kundenorientiert, neu, hätte er Ideen zur automatischen Auswertung oder zur Steuerung seiner Maschinen per App – und würde diese digitalen Produkte testen, bevor er sie tatsächlich massentauglich fertigstellt und vermarktet. Er würde eine Landingpage mit zwei Versionen veröffentlichen und mit kleinen Variationen prüfen, worauf und wie die Nutzer reagieren. Kommen auf die eine Seite mehr Interessierte, die länger bleiben und weiteren Kontakt suchen, ist diese und die damit verbundenen Ideen besser als die anderen. Gibt es Diskussionen bezüglich einer Entwicklung intern im Unternehmen, lässt sich die Kundschaft ebenso nutzen, um zum Ergebnis zu kommen – zu einem, das den Kundenwünschen wirklich entspricht.

Für solche Landingpages – die als solche ebenfalls als »Minimum Viable Product« gelten können – muss durchaus Werbung gemacht werden. Weder verlaufen sich die Kunden zuhauf auf solche Seiten, noch macht es Sinn, aus nur zwanzig Reaktionen irgendwelche Rückschlüsse zu ziehen. Dennoch ist das alles keine Zauberei oder unbezahlbar, ganz im Gegenteil. Dass es bislang so selten passiert, liegt daran, dass die Einzelmaßnahmen unbekannt sind und dadurch erschreckend aufwendig und komplex wirken – und dass noch nicht im Ganzen digital gedacht wird. Denn dann wirkt es schlüssig, logisch und weniger unheimlich.

Bidirektional auffallen, bidirektional denken

Die Basis eines Unternehmens – das Geschäftsmodell inklusive digitale Strategie – muss, wenn sie denn wohldurchdacht ist, dazu führen, dass alle Bausteine sich ineinanderfügen: zum digitalen, ja, aber vor allem zum effektiven Arbeiten, Vermarkten, Vertreiben, ob das Unternehmen produziert, berät, verwaltet, entwickelt, vermietet, weiterverkauft, spezialisiert ist oder generalisiert. Hat dieses Umdenken und Neuhandeln begonnen, sollte die Umsetzung genauso clever und digital erfolgen. Mit einzelnen Maßnahmen, die in das große und digitalisierte Ganze passen, miteinander verbunden und zielgerichtet sind. Das ist möglich und realistisch umsetzbar.

Wenn Unternehmen sich aktiv auf anderen Märkten zeigen, auch mit ihren klassischen Produkten und Dienstleistungen – sie müssen noch nicht mal sofort mit neuen Ideen parat stehen –, können sie Aufmerksamkeit herstellen bei anderen Firmen, die vielleicht gerade beginnen, querzudenken, Neues zu entwickeln, aber noch nicht genau wissen, wie und mit wem. Wenn man zum richtigen Zeitpunkt am richtigen (digitalen) Ort ist, eröffnen sich in der heutigen Zeit ständig neue Möglichkeiten. Es ist genau diese Handlungsfähigkeit, die stets im Hinterkopf wirken muss. Von welcher Seite die Initiative letztendlich ausgeht, ist nicht entscheidend. Viel wichtiger ist es, bereit und sichtbar zu sein. Entweder mit eigenen neuen Ideen oder mit einer bewusst bestimmten Reichweite, die eben nicht nur die altbekannte Automobilbranche anspricht, mit der man ausschließlich seit Jahr und Tag zusammenarbeitet. Kunden sind nun mal Anbieter sind Kunden – das ist B2B. Entsprechend sind viele von ihnen ebenso langsam und zögerlich.

Amazon hat es vorgemacht – und nie lange gefragt oder gehadert, sondern alles »einfach« umgesetzt und angeboten. Nach den Büchern wurde so ziemlich alle Produkte angeboten, die man sich damals vorstellen konnte. Es folgte Essen, was man sich zunächst schlecht vorstellen konnte. Es kam die Prime-Mitgliedschaft, bei der viele Kunden erst mal zögerten und sich fragte: »Brauche ich das?« Ach so, Versandkosten sparen, schnellere Lieferungen erhalten und Musik und Filme, für das Geld? Warum nicht. Und schon war es wesentlich flexibler und einfacher, alles über Amazon abzuwickeln. Im B2B-Bereich hat Amazon bereits die nervigen Freigabeprozesse beim Einkauf entschärft: Während klassischerweise Mitarbeiter X nur für 300 Euro bestellen durfte und Mitarbeiter Y für 3.000 Euro, gibt jetzt Mitarbeiter A die finale Freigabe, sodass die anderen vorher ohne lange Absprachen agieren können. Dadurch hat sich der Prozess extrem vereinfacht, die Wege verkürzt und alle nach einer Gewöhnungszeit damit mehr als arrangiert.

Es ist offensichtlich, dass solche Produkte und die dazugehörigen Verkaufs- und Marketingstrategien nicht innerhalb weniger Wochen von einem Unternehmen aufgebaut werden können. Allein, solche Arbeitsfelder vorausschauend zu entwickeln, braucht seine Zeit. Nicht Jahre, bis das erste Produkt – welches bis dahin womöglich unter höchster Geheimhaltung selbst vor dem Kunden erarbeitet wurde – tatsächlich der Außenwelt präsentiert wird. Aber doch eine gewisse Zeit, bis der erste, zweite, achte Prototyp als verkaufbares Produkt mit der richtigen Vermarktung steht. Umso entscheidender ist es, heute schon zu beginnen, neue Ideen und Denkstrukturen im eigenen Unternehmen zumindest zuzulassen, eigentlich aber zu fördern und zu nutzen.

3.6 Bestandskunden sind auch Kunden – und verlangen mehr

Jetzt mag der eine oder andere klassische Mittelständler fast schon überzeugt sein – und sich nun doch wieder fragen, wozu er das alles auf sich nehmen soll. Es läuft doch, sehr gut sogar und mit großen Kunden, die Produkte herstellen oder anbieten, die so schnell nicht aus der Welt verschwinden werden. Die Großen werden ebenso mit den volatilen Märkten, disruptiven Wettbewerbern und neuen Kundenwünschen umgehen müssen wie alle anderen. Wenn das eigene Unternehmen diese Veränderung weder mitgehen noch vorantreiben geschweige denn vereinfachen kann, bleibt es nicht nur stehen, sondern schreitet zurück – und verschwindet damit früher oder später in der Versenkung. Denn wieder steht der Kunde nicht im Mittelpunkt, wird nicht beobachtet, einbezogen, verstanden, so groß er auch sein mag.

Auch mit nur wenigen Großkunden lohnt eine Online-Strategie

Dieses Thema begegnet mir regelmäßig – öfter, als mir lieb ist. »Wir arbeiten für die Automobilbranche und haben die ›fünf Großen‹ als Kunden. Die kennen uns sehr gut und vertrauen uns. Wir brauchen keine neue Strategie.« Heute vielleicht nicht – aber morgen oder übermorgen. Und seit wann ergibt es überhaupt Sinn, sich potenziellen Kunden zu verschließen? Das Problem entsteht grundsätzlich aus zwei Richtungen und ist aus der Historie unseres Mittelstands gewachsen: Man hat sich zum einen in seiner Branche einen Namen gemacht, kennt alle und jeden, arbeitet bereits mit den entscheidenden Playern zusammen – wozu also neue Strategien, neue Produkte entwickeln? Und wozu auf neuen Kanälen neue Werbung machen? Da ist ja eigentlich niemand, der das Unternehmen noch nicht kennt.

Es fehlt in solchen Fällen die Einsicht, dass so ein enges Branchen- und Kundendenken für die Zukunft und den digitalisierten Markt tödlich ist. Mag sein, dass keine neuen Automobilriesen mehr auf den Markt treten werden, die den Zulieferer dann möglichst schon kennen sollten – wobei selbst diese Aussage in den heutigen Zeiten mehr als mutig ist.

Tesla kommt mit seiner Produktion kaum hinterher, während alle anderen das Unternehmen technisch und vertrieblich sozusagen nur von hinten zu sehen bekommen. Wie dieser Elektromobilmarkt sich entwickeln wird, bleibt abzuwarten, aber die Großen haben ihn bislang definitiv nicht im Alleingang erschließen können – während ein mutiger Südafrikaner Elektroautos und Raketen und Raumschiffe baut, und zwar mit Erfolg. Vor zwanzig Jahren hätten ihn alle für verrückt erklärt, er wurde selbst 2002 bei der Gründung von SpaceX mehr als kritisch beäugt und wird es wahrscheinlich noch immer – von Leuten, die nicht verstanden haben, dass er mit seinen Unternehmen eigentlich »nur« Best Practices der heutigen Geschäftswelt lebt. Seine Geschäftsideen, seine Strategien spiegeln genau die Trends wieder, nach denen der Markt heute fragt. Von SpaceX lässt sich zwar schwerlich sagen, dass es flexibel bleibt und auf volatile Strukturen schnell reagieren kann, es ist schließlich zunächst auf einen sehr spezialisierten Markt ausgerichtet. Allerdings schafft das Unternehmen sich parallel einen neuen: die kommerzielle Raumfahrt. Die Nachfrage wächst bereits – sobald das Angebot da ist, stehen die Chancen mehr als gut, dass SpaceX nicht nur erfolgreich sein, sondern auch Nachahmer und Wettbewerb erleben wird.

Doch man muss nicht nach Planeten greifen, um den Wandel zu erkennen, ihn zu nutzen – oder ihn gar zu beeinflussen und mitzubestimmen. Elektromobilität ist so abgehoben nicht, dennoch verschlafen die meisten in der Automobilbranche diese Bewegung. Vielleicht werden wir in zwanzig Jahren nicht mehr über die Großen als solche sprechen, eben weil sie den Fehler begehen werden, ihre jetzigen nicht als Learning zu begreifen und vorausschauender oder mutiger zu handeln. Sie sind in ihrer Größe natürlich noch starrer als Mittelständler oder kleine Startups. Sie scheuen zudem die Investitionen in Ideen, die zunächst nicht für einen so riesigen Markt getätigt werden müssten, wie sie ihn gewohnt sind, und die vielleicht sogar ins Leere laufen. Dabei könnten genau sie diese etwas teureren Learnings verkraften – und mit der zweiten, dritten oder siebten Idee den großen Wurf schaffen.

In diesem Kontext ist es nicht verwunderlich, dass noch immer viele mittelständische Unternehmen nicht einsehen wollen, welcher Gefahr sie sich aussetzen, wenn sie nicht umdenken. Doch mit einem Blick auf starre Konzerne als Partner verlässt man sich im Zweifel darauf, dass schließlich niemand allzu forsch durchstartet. Denn es läuft doch gut, das war auf der letzten Messe eindeutig, man hat mit jedem Kaffee getrunken und Termine gemacht. Diese vermeintliche Sicherheit, in der Branche bekannt und etabliert zu sein, die Einkäufer seit fünfzehn oder mehr Jahren zu kennen, Vertrauen zu genießen, kann aber innerhalb kurzer Zeit in sich zusammenfallen. Die jungen und digitalen Generationen mit ihrem Einfluss sind bereits bekannt. Hinzu kommt, dass das Unternehmen, der Vertrieb oder das Marketing zunächst nicht mitbekommen, wenn es bei den Partnern zu Umbrüchen kommt, diese geplant sind oder sich gerade entwickeln. Denn die gehen damit nicht unbedingt direkt hausieren, wenn sie eine neue Strategie aufsetzen, neue Projekte, Produkte oder Dienstleistungen aufbauen oder die Idee beziehungsweise Nachfrage eines anderen Kunden aufgreifen. Dabei sollte es in der Automobilbranche gar noch augenscheinlicher sein, dass die fünf Riesen, wenn auch verspätet, versuchen werden, ein entscheidendes Stück des Elektromobilitätskuchens abzubekommen. Sie stehen schon in den Startlöchern oder sind (hoffentlich) viel weiter, werden aber andere Leistungen als bisher benötigen. Und damit nicht genug: Das Auto wird – dank den Entwicklungen beim autonomen Fahren – in Konzeptstudien auf einmal als Wohnzimmer definiert. Als solches braucht es selbstverständlich andere Lieferanten, Dienstleistungen, Produkte, Partner. Der alte Markt mag dann schrumpfen, neue entstehen aber parallel – und zwar nicht nur bei den fünf Riesen, sondern auch andernorts. Hier parat zu stehen, kann am Ende ausschlaggebend sein.

All das passiert, jetzt, in diesem Augenblick. Braucht nun das Partnerunternehmen schnellstmöglich ein bestimmtes Produkt oder eine spezielle Leistung, die man selbst so fix in der gewünschten Form nicht liefern kann: Beste Beziehungen hin oder her, ein Wettbewerber wird es können – und wenn er sich professionell zeigt, Lieferfristen einhält, gute Qualität bietet und flexibel ist, bekommt man selbst den Fuß nicht mehr so leicht in diesen Geschäftszweig hinein. Wo die beiden sich gefunden haben? Es könnte durchaus eine Messe, eine Printanzeige oder ein persönliches Gespräch gewesen sein. Wahrscheinlicher ist, dass der Anbieter auch online aufgefallen ist, weil jemand nach einer Lösung gesucht und den richtigen Anbieter gefunden hat. Ob durch Werbebanner an den richtigen Stellen, eine clevere SEO-Strategie mit dem richtigen Riecher für die Suchbegriffe potenzieller Kunden oder eine offensive Kommunikation in sozialen Netzwerken: Auch in Konzernen wird gegoogelt.

Global Playern auffallen – die zielkundenorientierte Online-Strategie eines Kleinbetriebs

Dieses Best Practice darf denjenigen Mut machen, die seit längerer Zeit an ihrer digitalen Strategie arbeiten und (noch) nicht zufrieden sind. Es zeigt auf eindringliche Art, wie digitales Denken wächst, welche Sprünge zu erwarten sind – und welche unerwarteten es hervorrufen kann.

Ein Metallteilhersteller mit fünfundzwanzig Mitarbeitern an einem entlegenen und eher unattraktiven Fleck in Deutschland arbeitet seit über zwanzig Jahren vornehmlich für zwei Branchen. »Vornehmlich«, da er dank sieben Jahren Online-Marketing auch weitere Branchen erobern konnte – beziehungsweise sich von diesen erobern ließ. So war vor allem der Geschäftsführer beeindruckt, als vor einigen Jahren ein großer Global Player anfragte und seitdem individuell gefertigte Teile in großen Mengen bestellt. Damals saß er noch regelmäßig selbst an der Werkbank in der Produktionshalle und versuchte, alle Bereiche seines Unternehmens zu unterstützen oder gar zu gestalten.

Wenig überraschend beließ er seine Marketingmaßnahmen in diesen Jahren bei einer Broschüre und einem Flyer, die beide mehr schlecht als recht bestückt und eigentlich nie aktuell waren: Ob individuell gestaltete Produkte oder neue Verfahren, immer vollzogen sich Änderungen, nachdem die nächste Auflage aus der Presse kam. Dies geschah nicht jährlich, aber das macht es aus Marketingsicht eher nur schlimmer: Es war lange Zeit tatsächlich die einzige Marketing- oder Werbemaßnahme, diese Broschüre mit Flyer an Kunden und einige potenzielle Kunden zu versenden. Zu wenig Zeit, zu wenig Erfahrung, vor allem aber zu wenig Druck, schließlich lief die Firma auch damals schon recht gut, die Kunden waren seit Jahren zufrieden – wozu also Geld ausgeben?

Der Geschäftsführer haderte durchaus mit dieser Situation, intuitiv den Blick gen Zukunft richtend. Er konnte sich allerdings nicht dazu durchringen, wirklich große Unternehmen und Konzerne anzurufen und sich als potenziellen Partner vorzustellen, dazu empfand er sein Unternehmen doch als zu klein. Da ihm aber ebenso klar war, dass Flyer meist ungesehen im Papiereimer landen, und zudem Ausschreibungen in seinen Branchen zu aufwendig und teuer waren, ergriff er nach einer Veranstaltung seiner IHK schließlich die digitale Initiative – und engagierte Experten, die ihn beim Online-Marketing unterstützten. Das Geld nahm er aus dem ohnehin vorhandenen »Marketing-Budget« und seinen Mut zum digitalen Denken gleich mit, schließlich wusste man bei den Printmaßnahmen nicht, ob sie überhaupt gesehen wurden, geschweige denn, ob sie etwas brachten.

Die strategischen Vorüberlegungen gingen von der Kundenperspektive aus – und schnell entstand die Idee, die vorhandenen Produkte visuell greifbarer zu machen: Der Fertigungsprozess für die meist individuellen Teile war bislang nicht ohne Weiteres nachvollziehbar. Für technische Einkäufer als Kontaktpersonen ist das allerdings ein Graus, da sie eben Einzelteile benötigen und verstehen müssen, was möglich ist. Die Lösung waren Videos der Fertigung diverser Teile auf den Webseiten des Unternehmens, eingebunden in YouTube. Der Online-Auftritt des Unternehmens war bis dahin statisch und somit die bereits beschriebene Visitenkartenversion: Kontaktdaten, mehr aber auch nicht. Mit den Videos begann die dynamische Ausrichtung, denn es gibt diverse Prozesse, die bis heute immer wieder zu neuen Aufnahmen einladen.

Damit diese auch tatsächlich gesehen und die Seiten besucht wurden, begann eine engmaschige Testzeit der passenden und von Kunden oder potenziellen Kunden wirklich verwendeten Suchbegriffe für die Suchmaschinenoptimierung (SEO). Diese Phase dauert ebenfalls bis heute an, die Zielgruppen sind schließlich nicht weniger dynamisch und im Wandel. Entscheidend war hierbei jedoch von Anfang an, dass die Führung des Unternehmens sich von Iterationen und konstanter Optimierungsarbeit nicht irritieren ließ. Kein Aufgeben nach zwei Monaten, weil der große Erfolg aussteht oder nichts »fertig« ist. Und so konnten die Keywords stetig nachjustiert und die Analysen und Tests umfassend vorgenommen werden. Die ersten Ergebnisse konnten sich bereits nach einem halben Jahr sehen lassen, dennoch lässt das Unternehmen bis heute Tests fahren und vor allem ständig Analysen und Controlling vornehmen. Online-Marketing bedeutet schließlich nicht, zu hoffen und ins Blaue zu schießen, sondern klare Zahlen und Fakten zu sehen und daraus Konsequenzen zu ziehen, bis das gewünschte Ergebnis vorliegt.

In diesem Fall wurden die Suchbegriffe von Beginn an in SEA, genauer mit Google AdWords getestet, und alle, die von den Kunden entsprechend frequentiert und genutzt wurden, in die Webseiten, Titel, Beschriftungen et cetera eingebaut. Dadurch schaffte das Unternehmer ein hohes organisches Ranking in den Suchmaschinen. Die Seiten sind bis heute nicht unbedingt schön, doch das scheint weniger ausschlaggebend als die Tatsache, dass sie die nötigen Informationen liefern, klar strukturiert, responsiv und mobil sind und gefunden werden.

Parallel sollten Bilder der gefertigten Teile auf der Seite platziert werden. Auch diese sind für den technischen Einkauf goldwert und wurden entsprechend schnell und positiv angenommen. Das Problem der Wettbewerbssorgen umging das Unternehmen, indem es fiktive Produkte herstellte und abfotografierte – und genau hier kommt schließlich der Global Player ins Spiel: Er kam aus einer völlig anderen Branche, als der Hersteller bislang bediente, suchte allerdings nach bestimmten Teilen, die ihm seine bisherigen Partner nicht bieten konnten. Durch die Bilder inspiriert, nahm der Konzern Kontakt auf und fand schnell exakt das, was er suchte. Die bis dahin gewonnene Reichweite der Seiten dank geschickter Suchbegriffe darf hierbei nicht unterschätzt werden – es ist das Zusammenspiel von Inhalt und weiteren, technischen Marketingmaßnahmen, die sich gegenseitig bedingen: Mit dem richtigen Budget ist es schon

möglich, beinahe alles zeitweilig hoch ranken zu lassen. Liefert
der Inhalt jedoch keine Qualität, erfüllt er nicht die Erwartungen
potenzieller Kunden, wird langfristig kein Geld der Welt helfen.
Der Aufwand dieser langjährigen Strategie des Herstellers
war und ist durchaus hoch, besonders die Generierung der vielen und starken Inhalte und ihrer Strukturen darf nicht unterschätzt werden. In Relation zu dem Gewinn und der Öffnung
beziehungsweise der Sichtbarmachung des Potenzials für andere
Kunden und Branchen ist er allerdings mehr als angemessen.
Der Unternehmer ist sehr zufrieden – und glücklich, die Kaltakquise endgültig vom Tisch zu haben. Sein kaufmännisches und
auch digitales Denken hat diesen Zusammenhang klar erfasst,
er spart im Vertrieb Geld – und macht seine Mitarbeiter glücklich, da diese nun direkt bei wirklichen Leads einsteigen und ihr
Know-how nutzen dürfen, anstatt redundante und sich ständig
wiederholende Telefonate zu führen.

Digital zum Global Player werden – von heute auf morgen

Ein weiteres wesentliches Argument für digitales Denken wird
meist vergessen oder gar nicht erst wahrgenommen: Wenn man
es wagt und schafft, seine Strategie zu digitalisieren und entsprechend zu agieren, öffnet man sich nicht nur als neue Produkte
und neue nationale Kundengruppen, sondern direkt für die ganze Welt. Bevor man dies zur Seite schiebt und als unnötig oder
unmöglich erachtet, sollte man sich bewusstmachen, was das
im Hinblick auf Aufwand und Gewinn bedeutet. Klar wird man
nicht wirklich von heute auf morgen und absolut nebenbei zum
Global Player – aber fast. Denn ein Großteil der risikoreichen,
teuren und aufwendigen Aspekte der klassischen Internationa-
lisierungsstrategie eines Unternehmens fällt online weg. Wie
mit dem »Minimum Viable Product« kann digital vieles vorab
und zu geringen Kosten getestet werden. Im Minimalfall bedarf
es anfangs vielleicht nur einer Übersetzung ins Englische – und

schon ist man nicht nur auf dem deutschen Markt präsent, sondern der ganzen Welt zugänglich. Die früher not- und aufwendigen Vorbereitungen, den neuen Markt auszutarieren, rechtliche Aspekte zu klären und sich vor Ort mit einer Handelsvertretung niederzulassen, werden nun vom PC aus gehandhabt – und wenn klar ist, dass es sich lohnt, dass überhaupt eine Nachfrage nach der eigenen Technologie, dem eigenen Know-how oder den eigenen Produkten vorhanden ist. Doch selbst das muss man nicht in jedem Land, ob USA, Rumänien oder China, einzeln tun, denn das Netz nimmt diesen aufwendigen Prozess automatisiert ab. Auf Handelsplattformen ist es grundsätzlich völlig nebensächlich, wo auf der Welt der Anbieter sitzt, wenn Produkt, Preis, Reputation und Service stimmen – und wenn dieser Anbieter eben online auffindbar ist, wird er zum ebenso wahrscheinlichen Partner wie der Anbieter im Dorf nebenan. Die sprachlichen und rechtlichen Barrieren müssen natürlich immer noch geklärt und überwunden werden, doch dann gibt es wenige Argumente dafür, lieber nur den heimischen Markt zu bedienen. Von dieser Idee sollte sich jeder freimachen, der in Zukunft überhaupt noch auf irgendeinem Markt bestehen will. Jedem, der digital zu denken fähig ist, sollte dies nicht schwerfallen.

Die Beispiele der letzten Jahre zeigen, dass es funktioniert. So hat ein Hersteller von Konstruktionsprofilen für Anlagenmaschinenbau sich plötzlich vor internationalen Anfragen kaum retten können, weil er online geschickt und zielgruppenaffin zeigen konnte, dass er hochindividualisierte Profile außerhalb aller Normen produzieren kann. Unternehmen aus Saudi-Arabien wurden auf ihn aufmerksam – und nachdem der Profilhersteller seinen Internetauftritt weiter professionalisierte und seine Inhalte in mehrere Sprachen übersetzte, steigerte sich die internationale Nachfrage erheblich.

In einem anderen Fall vermarktete ein Hersteller nicht seine Produkte vorrangig, sondern bot zunächst »nur« einen extrem wertvollen und hilfreichen Service: Unternehmen, die bestimmte Maschinenteile benötigen, welche weltweit von nur wenigen Firmen hergestellt werden, stellte er eine Datenbank zur Verfügung, in der diese Hersteller gelistet sind. Für die Unternehmen war es eine enorme Arbeitserleichterung – und eine Plattform für neue und internationale Geschäftsbeziehungen. Selbstredend galt dies auch für den Anbieter dieser Datenbank. Ähnlich bewährt hat sich eine Plattform für Sensoren und Messtechnik, da sie dank ihrer Datenmengen enormen Mehrwert liefert. Der Anbieter besaß diese Daten ohnehin seit Längerem und stellte sie systematisch aufbereitet mit einfachen Recherche- und Zugriffsmöglichkeiten zur Verfügung. Sein Gewinn: Kontaktdaten und Reputation in der gesamten Branche und darüber hinaus. Der Gewinn der anderen Unternehmen – und seiner neu gewonnenen Kunden – liegt auf der Hand.

Wer also in ein anderes Land expandieren oder die gesamte Welt als Markt nutzen möchte, sollte gezielt vorgehen. Niemand muss warten, bis die Welt auf einen zukommt: Zielgruppen und ihre spezifischen Bedürfnisse lassen sich erfragen, testen, analysieren – ohne das Land betreten zu müssen. Besteht eine Nachfrage, ein Bedarf nach den Produkten und Dienstleistungen? Was fehlt den potenziellen Kunden, was kann das Unternehmen bieten?

Digital lässt sich beispielsweise mit Google Trends nach Ländern und Regionen und den dortigen Suchbegriffen forschen. Dann wägt man ab, in welchem Land welche Bedürfnisse, Schwierigkeiten, Vorteile bestehen und wo man sich gut platzieren kann. Virtuell, versteht sich, und im zweiten Schritt reicht eine »Niederlassung« in Form eines Raums in einem Business Center vollkommen aus. Für die Vertrauensbildung gerade während der Anfangsphase ist eine Adresse vor Ort sinnvoll, allerdings wird sie darüber hinaus selten wahrgenommen – die Partner suchen immer seltener den direkten Kontakt.

Was wesentlich wichtiger ist: gute Kommunikation. Dies ist zunächst natürlich bezogen auf die strategische Ausrichtung des

Online-Marketings: Welches Land ist wirklich spannend für das Unternehmen, welche Suchmaschinen sind dort erfolgreich, wie funktionieren sie, welche Anzeigenformate sind rücklaufstark? Wie lassen sich vor Ort kleine Werbekampagnen realisieren? Wer mitdenkt, dem wird schnell klar: Kommunikation bezieht sich ebenso auf den Inhalt wie auf dessen Verständlichkeit. Bei aller Globalisierung und dem Gebrauch des Englischen als Weltsprache entstehen echtes Vertrauen und Verständnis häufig erst in der jeweiligen Landessprache. In vielen Fällen ist das der prächtigen Beherrschung des Englischen auf Kundenseite geschuldet – dass der deutsche Mittelständler professionelle Übersetzungen verwendet, nehmen wir als selbstverständlich an. In Indien, England oder den Niederlanden mag es selten Probleme geben, in China, Kolumbien oder Frankreich allerdings öfter als zunächst anzunehmen. Die Identifikation mit dem potenziellen Partner, die Sicherheit, wirklich verstanden zu werden und zu verstehen, kommt so nicht immer auf. Je nach Branche und Produkt ist die Aufmerksamkeit oder gar Abschlussquote entsprechend niedrig. Es lohnt sich also, hier nachzuhelfen und die Landingpage (und gegebenenfalls einige häufig verwendeten Mailing-Inhalte) in die jeweilige Zielsprache zu übersetzen, schließlich steht der Kunde im Mittelpunkt – und das kann nur klappen, wenn er richtig angesprochen wird und das Produkt versteht.

Übersetzungsbüros erfreuen sich aktuell steigender Beliebtheit, wobei parallel automatische Übersetzungssysteme immer besser funktionieren. Und damit nicht genug, denn hinzu kommt das wahre digitale Denken über die eigene Nasenspitze hinaus: Die Übersetzungsbüros haben den Grundgedanken von kundenorientiertem Service verstanden und nutzen digitalisierte Strukturen, um ihren Auftraggebern automatisiert Arbeit abzunehmen. Die Übersetzungen werden nicht mehr Wort für Wort abgerechnet, sondern als Daten in die Content-Management-Systeme der Kunden eingepflegt und direkt online gestellt. Bei Änderungen der deutsch- oder fremdsprachigen Texte erfolgt eine automatisierte, also selbständige Rückkopplung an das Büro, welches die Änderungen proaktiv vornimmt, einsetzt und hochlädt. Der Auftraggeber? Hat keine weiteren Aufgaben und kann sich seinen Kunden widmen.

Hinzu kommt ein Multiple-Kunden-Profil: Es ist nicht nur eine Person in einem Unternehmen, die angesprochen wird und entscheidet. Online sind es Praktikanten und Azubis, die eine Vorauswahl googeln, die Vertriebler und technischen Mitarbeiter, die auf ganz bestimmte Erfordernisse achten und eine engere Auswahl treffen, die Chefassistenz, die wieder anders sucht und schließlich der Einkauf und die Entscheider. Wenn der Praktikant schon nicht mitgenommen wird, besteht eine gewisse Gefahr, nicht in die finale Auswahl zu kommen. Umgekehrt mag ebenso passieren, dass nur er des Englischen mächtig ist, der Chef aber nicht – und dieser die Liste nach diesem Kriterium reduziert. Die Kosten hierfür sind überschaubar und die Gewinne machen sie in vielen Fällen wieder wett.

Was es also heutzutage braucht, um international tätig zu werden: Mut, digitales Denkvermögen, strategische Voraussicht und kleine Investitionen. Kommen nur uninteressante Anfragen zurück, hat man eine überschaubare Summe in den Sand gesetzt, allerdings mit mindestens einem Learning: Land X ist für meine Produkte, meine Strategie und meine Vorgehensweise nicht geeignet. Lässt sich dies abstrahieren, können wertvolle Erfahrungen und die nächsten Versuche auf internationalem Parkett gesammelt werden. Denn Global Player ist man mit einer guten Online-Strategie schon, man muss die Fische nur noch sexy ködern: erkennen, verstehen, ansprechen, füttern, zufriedenstellen, halten. Wer das verstanden hat, denkt digital. Wie man das umsetzen kann, zeigen die nächsten Kapitel.

4 Digitales Marketing – ganzheitlich, strategisch und kundenfokussiert

Selbst wenn ein Unternehmen noch nicht digitalisiert ist – es ist schwerlich vorstellbar, dass die Mitarbeiter der Marketingabteilungen oder aus dem Vertrieb die *Gelben Seiten* wälzen oder die Auskunft anrufen. Jeder aus der B2B-Branche besitzt ein internetfähiges Smartphone und nutzt es entsprechend. Auf der Arbeit scheinen sich dann allerdings der analoge Trott und die altbekannten Strukturen durchzusetzen. »Modernes Marketing? Klar, wir haben neue Flyer, Touchscreens am Messestand und eine Webseite!« Da bleibt nur zu hoffen, dass das Broschürenangebot der Werbeagenturen wenigstens via Formular oder E-Mail eingeholt und die Messebauer digital mit den nötigen Daten versorgt werden – sicher ist aber selbst das nicht. Und wieder gehen bei jedem Telefonat oder Gang zur Post für alle Seiten wertvolle Stunden ins Land (und auf die Konten).

Unabhängig davon bleibt das Problem der Effizienz und der Kundennähe: Digital gedacht ist von den genannten Maßnahmen nämlich kaum etwas. Zudem ist selten klar, mit welchem Ziel welche Aktion geplant und ausgeführt wird – ob Neu- oder Bestandskunden angesprochen werden, wie nachgehalten wird, was welchen Erfolg bringt, was als Nächstes folgt. Blinder Aktionismus war schon in analogen Zeiten selten hilfreich, er wird es in der digitalen Welt ebenso wenig werden. Umso wichtiger ist es, beim Marketing strategisch vorzugehen. Dazu gehört, Relevanz und Aufgaben von Marketing in Relation zu Unternehmenszielen und Vertrieb zu bestimmen, Ziele, Erwartungen und Möglichkeiten des eigenen Marketings zu definieren und schließlich die Umsetzung clever, nachhaltig und bewusst vorzunehmen. Sind die Grundpfeiler einmal stabil gesetzt, wirken die einzelnen Maßnahmen nicht mehr abschreckend, unbekannt oder überfordernd, sondern logisch und stimmig. Der Spaß wird folgen – ebenso wie der Gewinn.

4.1 Verkaufen mit Sinn und Verstand, Strategie und Geschick, Kontakt und Voraussicht

Ein kurzer Abriss zum (Online-)Marketing mag an dieser Stelle angebracht sein, um eine gemeinsame Basis sicherzustellen. Denn Marketing betreibt zwar jedes Unternehmen, ob on- oder offline. Die Aufgabe ist, die Produkte und Dienstleistungen zu vermarkten, »an den Mann und die Frau zu bringen«. Dafür muss Marketing heute wesentlich ganzheitlicher verstanden werden, denn um etwas zu verkaufen, müssen der Markt und die Zielgruppen bekannt, verstanden und zufriedengestellt werden. Nur so kann ein Nutzen für den Kunden entstehen – und Gewinn für das eigene Unternehmen. Damit steht die Marketingabteilung an der Seite der Unternehmensführung und gestaltet das Geschäftsmodell mit: Sie ist schließlich eine relevante Schnittstelle zur Außenwelt und muss ebenso wie der Vertrieb – eigentlich wie das gesamte Unternehmen – in direktem Kontakt zum Kunden stehen. Doch in vielen Unternehmen sieht die Realität ganz anders aus.

Oft genug liegen die Probleme dafür tief vergraben im grundsätzlichen Verständnis von Marketing in Verhältnis zum Vertrieb – ein Bild, das es zu überdenken gilt, bevor die Umsetzung neuer Strategien beginnen kann. Denn allzu häufig stecken die Konzepte »Vertriebsfürsten« und »Marketingmäuse« noch in den Köpfen der Belegschaft, ist Marketing nur ein wenig relevanter Teil des Vertriebs ohne nennenswerten Einfluss. Und die Entscheidungsgewalt, welche Wege für welche Produkte mit welchem Nutzen für welche Zielgruppe wann, wo und wie verkauft werden, liegt in vielen Unternehmen zumeist irgendwo, nicht aber beim Marketing. Das Bild vom Marketing als klassische

Sekretärin des Vertriebs, die für so »wichtige« Aufgaben wie die Gestaltung von ein paar Broschüren zur Verfügung stehen soll, hat sich hier in den Köpfen aller, vor allem der Vertriebler und Führungskräfte, festgekrallt.

Dass unsere Märkte nicht mehr erlauben, den Vertrieb – mit seinem allzu starren Fokus auf Umsatz und Gewinne, Gewinne, Gewinne – Marketing und Werbung steuern zu lassen, ist bei anderen hingegen schon angekommen. Und hat selbstredend nicht dazu geführt, dass deren Erfolg geringer wird. Natürlich möchten und müssen Unternehmen ihre Produkte verkaufen. Damit das heute klappt, braucht es allerdings mehr als simples Werbematerial – und genau das tut richtig verstandenes Marketing auch: Es befasst sich mit der strategischen Ausrichtung und umfasst theoretisch wie praktisch die vier Komponenten Produkt, Preis, Vertrieb beziehungsweise Distribution sowie Kommunikation – im Englischen sind dies die vier P's (product, price, place, promotion). Die Marketingabteilung trifft demnach alle notwendigen Vorbereitungen, um den Vertrieb in die idealen Bahnen zu leiten, ihn erfolgsgetrieben zu steuern. In anderen Worten: Marketing stellt das Konzept, der Vertrieb die Umsetzung.

Diese vier P's des Marketings haben sich nicht umsonst herausgebildet. Etabliert wäre wohl zu viel gesagt, denn noch immer mangelt es häufig am Verständnis und vor allem an der bewussten Umsetzung dieser Konzepte. Dabei können sie eine enorme Hilfestellung bieten, wenn es um geschicktes und kundenorientiertes Handeln geht.

Pricing – der Preis ist variabel

Pricing – oder die Preisstrategie – bedeutet nicht nur, seine Marge zu errechnen oder den Preis so hoch wie irgend möglich zu setzen. Es geht mittlerweile um viel mehr, auch Digitalisierung sei Dank: Warum den Preis nicht variabel halten? Individuell so bestimmen, dass jeder einzelne Kunde das zahlt, was er kann

und zu zahlen bereit ist, vielleicht sogar bei jeder Transaktion
oder bei jedem Kontakt neu? Natürlich war das zu einem gewissen Grad bereits analog im
klassischen Vertrieb möglich. Der Vertriebler eines Maschinen-
bauers beispielsweise hat im besten Fall stets die relevanten Informationen der individuellen Kunden irgendwo dokumentiert
und dann auch verwendet. Im B2B-Bereich wird meist nicht
öffentlich über Preise gesprochen, zudem werden viele Angebote individuell konfiguriert und zusammengestellt. So ist die
Angabe eines oder mehrerer Festpreise ohnehin nicht möglich,
die Kosten müssen stattdessen von Kunde zu Kunde berechnet
werden. Gönnt ein Unternehmen sich regelmäßig einen strategischen Blick auf seine Kundenprofile, so kann es daraus Schlüsse
ziehen, die konzeptionell und operativ von Bedeutung sind.

»Costumer-driven pricing«, also die kundengesteuerte Preis-
gestaltung, fokussiert genau diese Aspekte, und sie tut es digital, indem sie alle Daten, die der Kunde im Laufe seiner Kontakte hinterlässt, sammelt und verwendet: Wann hat er sich was
und wie lange angeschaut, was davon hat er gekauft? Was hat
er sofort gekauft, was später, was gar nicht? Welche Form des
Kontakts hat er nach der ersten oder zweiten selbständigen Recherche anvisiert? Hat er aufgrund von Zeitmangel und akuter
Notlage gehandelt oder nur für das nächste Jahr mal vorgefühlt?
Kauft er eher kleine Produkte und geht auf Masse, oder fokussiert er höherwertige Produkte, kauft dafür aber seltener? Und:
Wodurch lässt er sich besonders beeinflussen: Service, Qualität,
Lieferschnelligkeit? Einige Kunden legen Wert darauf, besonders
schnell und ohne viel Hin und Her das zu erhalten, was sie suchen. Das kann dank der Branche der Fall sein, ebenso aufgrund
eines Engpasses, Defekts oder Auftragshochs. In solchen Fällen
wird er sich nicht allzu lange mit Vergleichen oder Verhandlun-
gen aufhalten, sondern die Produkte sehr schnell in seinen »Wa-
renkorb« legen. Hier ist es statistisch sehr wahrscheinlich, dass
er nicht allzu pingelig auf den Preis schaut, sondern vielmehr

durch unkompliziertes Vorgehen zufriedenzustellen ist – weil es genau das ist, was er benötigt und erwartet. Entsprechend kann der Preis durchaus höher angesetzt werden – wenn man sich diese Informationen holt und vorteilhaft verwendet. Tut man dies, denkt man digital und damit kundenorientiert: Dann liest man seine Kunden und merkt, dass sie sich in einem Engpass und unter Druck befinden, und das lässt sich nicht nur direkt auf den Preis umlegen, sondern auch längerfristig für die Kundenbindung nutzen: beschleunigte Anfragebestätigung und -bearbeitung, zusätzlicher Lieferservice beispielsweise zum Kundenkunden, Übernahme der Abwicklung anderer Partner. Auch hier ist es wahrscheinlich, dass die Kunden diese Angebote liebend gerne annehmen – und dafür zu zahlen bereit sind, langfristig. Bei Bürobedarf lässt sich das beispielsweise schon lange beobachten: Hier muss alles schnell gehen, und die kleinteilige Bestellung möglichst automatisiert dort ankommen, wo sie hinsoll. Klappt das, wird der etwas höhere Preis zur Nebensache. In anderen Fällen hingegen kann er als ausschlaggebend erkannt und gesenkt zum Entscheidungsfaktor werden.

Das funktioniert in Analogie zum individuellen Kundenpreis auch branchenabhängig: Kunden aus einer Branche haben viel Geld, während die anderen mit niedrigen Margen arbeiten müssen, aber dennoch nach einer langfristigen und sicheren Zusammenarbeit suchen. Mit beiden kann Letztere mehr als gewinnbringend sein. Denn bei beiden lässt sich strategisch und auf längere Sicht »mehr machen« – Stichwort neue und digitale Produkte eingebettet in ein flexibles Geschäftsmodell. Wenn mangelnder Service oder komplexe Absprachen mit vielen Partnern, Zulieferern und/oder Gewerken Probleme bereiten, könnte beispielsweise der eigentliche Schraubenhersteller oder Logistikpartner zusätzlich zu seiner Aufgabe Abhilfe schaffen. Sein eigentlicher Part würde damit gesichert, die nachhaltige Beziehung gestärkt und weitere Kontakte durch das neue Produkt – ob Plattform, App oder Ähnliches – geschaffen.

Ein Pharmakonzern hat beispielsweise grundsätzlich ein anderes Budget und eine höhere Gewinnspanne als ein Unternehmen aus der Lebensmittelindustrie. Das weiß auch der alteingesessene Vertriebler. Er kann also seine beziehungsweise die von der alten Führung starr festgelegte Liste mit allen Preisen hervorkramen und sich an diese halten. Oder er kann sich überlegen, wie wertvoll der Kunde aus der Lebensmittelbranche ist und noch wird. Ergibt es also Sinn, hier die Preise flexibel nach unten zu bewegen, um den Kunden zufriedenzustellen und zu halten?

Gleichzeitig müsste dem Vertriebler mit Blick auf seine Kundenliste auffallen, dass der Pharmakonzern zum einen wesentlich mehr ausgibt, zum anderen bislang ohne großen Widerstand zu den geforderten Preisen eingekauft hat. Natürlich sollte er jetzt nicht beim nächsten Deal die Preise willkürlich erhöhen, vor allem ohne im Gegenzug eine neue Leistung oder einen zusätzlichen Service anzubieten. Er sollte jedoch alle Daten, ob qualitativ oder quantitativ, dafür nutzen, seine Preispolitik flexibel zu gestalten.

Die Anzahl der E-Commerce-Aktionen steigt minütlich. Ebenso minütlich kann der Preis sich ändern – wenn man denn will, sich ernsthaft mit den digitalen Kontaktwegen auseinandersetzt und sie für sich nutzt. Digitales Denken kann sogar analog und lokal genutzt werden: Bekannt sind die digitalen Preisschilder der Metro, eine Umsetzung in weiteren Läden wäre also bereits möglich. Die Herausforderung liegt nun darin, bestehende Daten so zu analysieren, dass die preisrelevanten extrahiert und ideal eingesetzt werden. Es wird vermutet, dass Amazon das »Costumer driven pricing« bereits analog testet und mit dem lokalen Geschäft Amazon Go in Seattle versucht, seine Preise dank aller Daten dort für jeden Kunden individuell zu gestalten. Ob dem so ist und wie und wann Amazon hier der Durchbruch gelingt, bleibt abzuwarten.

Für den Mittelstand ist viel entscheidender, dass wir uns anschauen, was unsere eigenen Kunden so umtreibt – und wohin es sie treibt: Ihr Verhalten kann sehr viel verraten und wertvolle Hinweise geben, die Partner noch effizienter werden lassen – und mehr Gewinn einbringen. Für den Anfang eignen sich Kunden-Log-ins, um Kunden individualisiert das zu bieten, was sie brauchen – und ihnen den Preis vorzuschlagen, den sie als angemessen erachten. Pfennigfuchser wie im B2C-Bereich sind hier ohnehin seltener unterwegs, Qualität, Service und das richtige Produkt sind in vielen Fällen wesentlich wichtiger.

Place – der Ort ist überall

Der Ort des Geschehens stellt das zweite P dar – und bezieht sich besonders im B2B-Geschäft auf alle Distributions- und Vertriebswege. Entsprechend strategisch und clever muss das Ganze durchdacht sein. Grundsätzlich wäre es schon sehr klug, endlich anzuerkennen, dass wir alle prinzipiell immer und überall online sind – das heißt, das Konzept des »Ortes« wird abstrakter, größer, generischer. Wir brauchen, um unsere Produkte und Services online geschickt und erfolgreich zu vermarkten, weder Büros noch Geschäftslokale, weder Messen noch Handelsvertreter. Wir brauchen weder Desktop-PCs noch Laptops – wir müssen noch nicht mal bewusst online gehen: Unsere mobilen Geräte, die wir beruflich wie privat kaum mehr aus der Hand geben und sie somit zu unseren ständigen Begleitern machen, senden und empfangen fröhlich und durchgehend Daten in die Welt. Gerade für den B2B-Bereich kann dies eine potenzielle Goldgrube sein, wir müssen sie nur ausheben und entsprechend nutzen:

Erstens kann der Kunde mit seinen mobilen Geräten immer und überall Kontakt zu Unternehmen, Lieferanten, Partnern aufnehmen – und zwar wirklich zu jeder Zeit und an jedem Ort. Parallel kann und sollten Letztere auch aktiv Kontakt aufnehmen – Online-Kommunikation ist bidirektional und muss auch unbedingt so verstanden werden. Zudem muss die Konsequenz für jeden Unternehmer sein, diesen Kontakt ebenso jederzeit und überall aufzugreifen, Erwartungen zu erfüllen und Bedürfnisse zu befriedigen. Dass weder er noch ein Mitarbeiter dafür 24/7 am Werk sein muss, sollte klar sein. Die ersten Kontaktschritte lassen sich automatisieren, FAQ, Angebote, Nachbestellungen, Terminvereinbarungen ebenso – und für »Sonderkunden« oder -situationen lässt sich einstellen, welcher Mitarbeiter aus dem Team bei Bedarf direkt benachrichtigt wird.

Zweitens kann der B2B-Partner die digitalen »Orte« mit den analogen verbinden: Der digitale Auftritt wird mit Messe-, Ausstellungsraum- und Kundenbesuchen vernetzt und konkret genutzt. Beim Kunden, im eigenen Büro oder auf der Messe können Kunde und Anbieter gemeinsam auf der Webseite die spezifischen Produkte konfigurieren, recherchieren, planen, weitere Details und Informationen abrufen, Best Practices diskutieren und vergleichen, Ansprechpartner finden et cetera. Ein nicht minder wichtiges Stichwort ist hier die standortbezogene Zielgruppenansprache: Das »Geotargeting« ist aktuell eine der besten Techniken, um spezifische Zielgruppen zu finden und zu bespielen. Dabei werden ihre tatsächlichen aktuellen Aufenthaltsorte anhand relevanter Fakten wie Messe-, Unternehmens- oder Flughafenstandorten identifiziert: Alle, die in unmittelbarer Nähe beziehungsweise vor Ort sind, werden mit einer maßgeschneiderten Ansprache auf ein Unternehmen beziehungsweise ein Produkt aufmerksam oder wieder aufmerksam gemacht.

So können Messen dank digitaler Bannerwerbung und Ähnlichem auf den Smartphones der Besucher eine wichtige Plattform werden. Unternehmen können dadurch analoge wie digitale Kontexte doppelt nutzen, ohne Messen live zu bespielen und einen eigenen Stand zu platzieren. Dies ist weder Spuk noch wilde Zukunftsmusik, sondern die Chance, Zielgruppen digital und automatisiert nach ihrem Aufenthaltsort zu »sortieren«, auszuwählen. Wer diese Messe besucht, gehört schließlich zu einer bestimmten Interessengruppe. Unternehmen können das auch geographisch erkennen und für eine digitale Kontaktansprache

nutzen. Was es dafür braucht? Sie wissen es bereits: digitales
Denken des Anbieters und Smartphones der Besucher. Streuverluste? Minimal.

Drittens kann ein Unternehmen die Distributions- und Vertriebswege für die eigenen neuen und digitalen Produkte nutzen: Der Maschinenbauer kann weiterhin seine Maschinen
bauen, der Schraubenhersteller seine Schrauben, beide könnten
und sollten aber außerdem darüber nachdenken, diese Entwicklung für Service und Dienstleistungen zu nutzen. Indem sie
ihren Kunden etwas Gutes tun, ihre Probleme lösen, ihnen gezielt Vorteile, Zeit oder Gewinn verschaffen. Dies kann etwa die
Hilfestellung via Listen mit allen Fehlercodes sein, Erläuterungen zu den bekanntesten Fehlern, die sich so ad hoc und ohne
(vergebliche oder langwierige) Telefonate beheben lassen. Das
kennt jedes Unternehmen auch aus eigener Hand – ebenso wie
die »bindende Freude«, wenn einem auf diese Weise unkompliziert geholfen wird. Im B2B-Bereich ist jeder Anbieter schließlich
auch Kunde, er sollte doch wissen, was er braucht, wünscht, fordert. Der Ort wird hierbei immer undefinierter, weil digital – es
geht also darum, zugänglich zu sein, und genau das geht online
am sichersten.

Grundsätzlich wäre der Mittelstand weiter, als er es aktuell
ist, wenn zumindest diese eigenen Erfahrungen gewinnbringend
eingesetzt würden. Was fehlt? Oftmals ein wenig mehr interne
Kommunikation: Der Einkauf sollte sich regelmäßig mit der
Marketing- und Vertriebsabteilung zusammensetzen und von
seinen Wünschen und Erfahrungen berichten, von den neuen
Produkten seiner Anbieter, von Worst und Best Cases. So wertvoll Ideen von außen sind, können auch Inspirationen und Brain-
stormings im eigenen Haus sein. Falls jetzt Unternehmer und
Führungskräfte rufen: »Na, sag ich doch!« Wenn die Abteilungen
es bislang nicht oder nicht gewinnbringend tun, könnte es daran
liegen, dass die grundsätzliche strategische Ausrichtung ganz
fehlt oder weder vermittelt noch unterstützt wird. Die Mitarbei-

ter brauchen auch hier laterale Führung, die solche Wege anregt und ihnen Freiräume gibt, solche Treffen als produktive Arbeitszeit zu leben und nicht als »zeitraubenden Smalltalk«.

Produkt, Promotion und das Gesamtbild

Das dritte P – das Produkt – wurde in den vorangegangenen Kapiteln bereits ausführlich dargelegt. Bevor es nun um das vierte P, also Promotion oder Vermarktung geht, sollte deutlich geworden sein: Marketing sollte dem Vertrieb vorangehen und ihm als strategischer Überbau gewisse Leitplanken und Ziele vorgeben. Der Vertrieb ist komplex genug, er darf das ruhig positiv sehen und auskosten.

Das Gute dabei: Das Ziel ist beiden gemein, denn alles dreht sich um die eine Frage: »Wie mache ich meine Kunden glücklich?« Selbst wenn einige traditionelle Vertriebler dies nicht hören wollen, diese Frage ist heutzutage die entscheidende. Ist der Kunde glücklich, so hat er bekommen, was er verlangt, und zwar effizient, sicher und fair. Das eigene Unternehmen muss daran verdienen, aber grundsätzlich geht es nun mal darum, etwas zu vermarkten und zu verkaufen, das tatsächlich den Wert hat, den der Verkäufer verspricht und der Käufer erwartet. Weil nur das Gewinn bringt.

4.2 Digitales Denken in der Marketingpraxis – Vorteile durch Vielfalt

Wer Marketing richtig und erfolgreich betreibt, verzahnt diesen Teil eng mit dem Geschäftsmodell und leitet die gesamte Strategie hieraus ab. Für die Umsetzung gilt es zu überlegen, welche Möglichkeiten sich bieten – und welche zur Branche, Zielgruppe, zum Produkt und zum eigenen Unternehmen passen, denn Marketing ist nicht gleich Marketing. Die zig Marketingkonzepte, die jedem schon mal in den Ohren geklingelt haben, müssen weder alle eingesetzt noch in ihrem vollen Ausmaß verstanden werden – dafür gibt es schließlich Spezialisten. Unternehmer, die sich strategisch, vorausschauend und digital aufstellen, wissen aber, was die Unterschiede zwischen Offline- und Online-Marketing, Push- und Pull-Methoden sowie Branding und Performance-Marketing sind. Sich mit diesen Konzepten auseinanderzusetzen, ist notwendig, um den Überblick zu behalten, die relevanten Maßnahmen für die eigene Strategie auszuwählen und keine unerfüllbaren Erwartungen zu haben. Denn grundsätzlich betreibt jedes Unternehmen Marketing, die Frage ist nur, wie und mit welchem Erfolg.

Branding vs. Performance – Ziele definieren, Zielgruppe bestimmen, Maßnahmen wählen

Wenn ein Unternehmen sich an Online-Marketing wagt und dann mit Werbebannern startet, muss ihm klar sein, dass es sich eigentlich um Branding, also um Markenbildung, handelt – und dass dies kein adäquates Mittel für schnelle Neukundenakquise ist. Branding zielt darauf ab, eine Marke zu etablieren und sie in der Öffentlichkeit zu verankern, möglichst mit positiven Erfahrungen und Emotionen. Als Aushängeschild des Unternehmens ist die Marke natürlich ein wichtiger Aspekt im Marketing – wer denkt heute nicht an Tempos, wenn es um Taschentücher geht? Oder an Coca-Cola, wenn er Lust auf ein koffeinhaltiges Kaltgetränk hat? Und welches Unternehmen wünscht sich nicht so eine Präsenz der eigenen Marke in den Köpfen seiner Kunden und sogar seiner Nichtkunden? Die Umsetzung beginnt mit der Gestaltung und dem Ausleben der Corporate Identity inklusive Logo, Design, Slogan und anderen Elementen und wird durch Werbe-, PR- und weite Maßnahmen fortgeführt, um die Wahrnehmung in der Öffentlichkeit zu forcieren, sodass die Marke sich immer weiter festsetzen kann.

Im B2C-Geschäft ist Branding relevanter als im B2B-Bereich, obwohl es auch hier oft noch einen zu hohen Stellenwert besitzt, denn digital gedacht sollte es nicht mehr als 20 Prozent der gesamten Marketingbemühungen ausmachen. Es sollten möglichst noch nicht mal 10 Prozent sein, denn die Kosten sind relativ hoch, während die Messbarkeit gering bleibt. Branding zählt deshalb zu den weichen Marketingfaktoren. Sie hat natürlich ihren Reiz, denn ein etabliertes und positiv besetztes Markenbild und Image hilft jedem Unternehmen beim Absatz.

Die aktiven Anstrengungen wirken zudem weiter, wenn es um das Performance-Marketing geht, schließlich greifen Kunden eher zu Bekanntem, wenn sie nach etwas suchen. Dennoch folgen Ergebnisse nicht unmittelbar, beispielsweise als Leads oder Neukunden, sondern eher mit zeitlichem Abstand und in Kombination mit spezifischen Maßnahmen des Performance-Marketings, die einen stärkeren Appell beinhalten. Branding möchte vor allem die Zielgruppen erreichen, es ist aber in erster Linie nicht dazu gedacht, eine Handlung seitens dieser Zielgruppen auszulösen. Wenn es aber das ist, was ein Unternehmen erwartet, sollte es seine Budgets entsprechend überdenken und in Maßnahmen investieren, die diese Leistungen (performance) auch liefern können, und zwar messbar.

Dass solche strategischen Vorüberlegungen bisher nicht flächendeckend umgesetzt werden, liegt aber nicht nur an den starren Gedankengängen, sondern auch an fehlendem Verständnis und Wissen. Allein bei der Trennung zwischen Neukundengewinnung und Bestandskundenkommunikation verlieren sich viele Marketingabteilungen – weil sie bislang eben in einer Blase aus Vermutungen, kaum belegbaren Erfolgszahlen und unkontrollierten Aktionen dem Vertrieb untergeordnet sind. Was welche Online-Strategie leisten kann und was das Unternehmen wirklich erreichen will, wird oftmals erst nach fehlgeschlagenen Versuchen realisiert. Wenn es dann noch an einer Fehlerkultur mangelt, die produktive Lehren aus solchen Schritten ziehen und sie konstruktiv nutzen könnte, um es beim nächsten Mal besser zu machen, regiert der Stillstand – oder der Rückschritt. Viele Marketingmitarbeiter haben nicht die nötige Position und nicht die Befugnisse, um erstens den nötigen Einblick in die Unternehmensstrategie zu erhalten, geschweige denn diese zu beeinflussen, und um zweitens vorzugeben, wann Branding als Imagepflege betrieben wird und wann es um gezielte Aktionen für die Akquise neuer Kunden geht. Beides ist aber entscheidend, wenn nicht nur das digitale Denken und die Strategie, sondern auch die Umsetzung funktionieren soll.

Dabei ist die Trennung von Performance-Marketing und Branding entscheidend, und zwar konzeptuell wie auch finanziell. Wer in das digitale Denken einsteigt und sich im Netz positionieren will, tut gut daran, sich zunächst auf Performance-Marketing zu konzentrieren. Die ersten Ergebnisse werden schneller folgen, sie sind zudem sowohl finanziell als auch strategisch kontrollier- und nachvollziehbar. Vor allem sind die Maßnahmen zu jedem Zeitpunkt variabel und flexibel. Sie können ständig justiert werden, falls sie nicht die gewünschten Effekte haben. Learning by Doing. So können Stellschrauben angezogen werden, bis die Zielgruppen erreicht und die Produkte, Dienstleistungen und der Service optimal an den Bedarf angepasst sind.

Performance-Marketing – Kommunikation statt Werbung

Gerade für kleinere Unternehmen lässt sich durch einen Fokus auf Performance-Marketing ein großer Vorteil herausschlagen, denn sie können wesentlich später in die Customer-Journey einsteigen – nämlich genau dort, wo relativ klar ist, dass dieser Kunde wirklich das braucht, was die Firma zu bieten hat. Awareness und Branding – also alles, was mit Markenbildung zusammenhängt – müssen auf diese Weise nicht aufwendig und teuer befeuert werden, zumindest nicht im Anfangsstadium. Man kann auf der Zeitachse der Kundenreise an jedem beliebigen Punkt weiter vorne einsteigen, wenn es sich auszahlt und das Budget oder das Bedürfnis nach Branding steigt. Konkret bedeutet das, die Kunden früher auf sein Angebot aufmerksam zu machen und sich aktiv zu zeigen, vergleichbar mit klassischer Werbung. Zu Beginn des digitalen Marketings ist es allerdings wesentlich wichtiger, strategisch über die Zielgruppe nachzudenken, gezielt auf diese zuzugehen, um unnötige Streuverluste zu vermeiden, und detailliert nachzuhalten, wie sie reagiert. Das ist nicht neu, die digitale Umsetzung allerdings schon: Es ist einer der größten Vorteile des Performance-Marketings, dass jede Handlung, jede Aktion und Reaktion des (potenziellen) Kunden messbar ist. Jede Entwicklung kann beobachtet und direkt mit Konsequenzen bedacht werden. Grundsätzlich mag dies im besten Fall natürlich der Kauf beziehungsweise ein Geschäft welcher Form auch immer sein, doch auch Kommunikation und Interaktion sind höchst wertvoll in unserer Zeit der Vernetzung und des Service. Je näher am Kunden und Partner, desto besser die Produkte und Dienstleistungen und desto höher der Umsatz.

Außerdem setzt sich die Performance-Strategie aus diversen Bausteinen, Kampagnen, Maßnahmen zusammen, sodass nicht alles etwa von einer extrem teuren Fernsehkampagne abhängt, sondern das Gesamtbild von vielen kleinen Teilen, die individuell veränder- und optimierbar sind. Um Reaktionen zu erhalten, eine nachhaltige Kommunikation aufzubauen und Geschäfte zu machen, lässt sich nicht nur mit einem Medium oder zwei Kanälen arbeiten. Es ist wichtig, zielgruppenkonform die analogen und digitalen Touchpoints, die der jeweiligen Zielgruppe entsprechen, auszuwählen und zu bespielen – und sich zu überlegen, wie sie bespielt werden. Das ist zunächst mal Marketing mit Sinn und Verstand, doch es wird digital clever, wenn auch die Controlling-Funktionen angewendet werden.

Jeden Kunden im richtigen Moment abholen, begeistern, binden

Unternehmen können und müssen selbst bestimmen, wie sie ihre Kunden womit ansprechen und wie sie neue Kunden erreichen. Agiert man etwa nach dem Push-Prinzip, macht man potenzielle Kunden weit gestreut auf das eigene Angebot aufmerksam und fordert sie zu einer Reaktion. Man »schubst« sie zu seinen Produkten – beziehungsweise schubst man seine Produkte auf den großen Markt. Bei dieser Strategie greifen die Maßnahmen zunächst eine Hoffnung auf einen Bedarf auf, da der Kunde das Produkt und seinen Nutzen noch nicht kennt. Entsprechend wird hier sehr aktiv vorgegangen, Kontakt aufgenommen und Interesse, Bedarf und Nachfrage zu erzeugen versucht. Die Kaltakquise ist in ihren Ausprägungen prinzipiell eine Push-Strategie, klassische Werbung – ob Print, Fernsehen oder Radio – in den meisten Fällen ebenso: Die Medien, sofern sinnvoll ausgewählt, werden vermutlich von den gewünschten Zielgruppen konsumiert – wann, wie und wo, ist allerdings weniger klar. Wie gut die Maßnahmen also überhaupt ankommen, lässt sich nur indirekt messen.

Reagiert man hingegen auf die Anfragen und Bedürfnisse des Markts und zeigt sich erst, wenn diese offen auftreten, »zieht« man diese spezifischere, kleinere Zielgruppe mit Pull-Strategien, holt sie auf halbem Wege aktiv ab. Online- beziehungsweise Performance-Marketing funktioniert zumeist nach dem Pull-Prinzip – und zwar selbst dann, wenn die Zielgruppe das Unternehmen mit seinen Produkten nicht kennt und noch nicht weiß, dass es ihren Bedarf decken kann. Das müssen sie zunächst nämlich nicht wissen. Denn viele digitale Maßnahmen holen potenzielle Kunden ab, wenn sie sich als solche zu erkennen geben – und beispielsweise eine Suchanfrage im Netz starten, bestimmte Seiten und Portale besuchen sowie Downloads entsprechender Materialien vornehmen. Damit zeigen sie schon sehr eindeutig ihr Potenzial und reduzieren für die Anbieterseite das analoge Fischen im Trüben.

In den diversen Kanälen kann konsequenterweise unterschiedlich mit dem Kundenverhalten und den eigenen Zielen gearbeitet werden. Gerade im Online-Marketing können dann beide Methoden – Push und Pull – angewandt werden: Push-Strategien, die eher offensiv, auf eine breite Zielgruppe und große Reichweite zielen und durchaus Streuverluste in Kauf nehmen, oder Mittel und Wege des Pull-Marketings, auf die potenziellen Kunden zu »warten« und ihre mehr oder minder klare, aber an keinen Anbieter direkt gerichtete Anfrage aufzugreifen. In diesen Fällen ist es ziemlich offensichtlich, dass das Bedürfnis, welches ein Produkt oder eine Dienstleistung befriedigen kann, besteht – und auf dieses kann maßgeschneidert reagiert werden. Der Streuverlust ist im Vergleich zu den erstgenannten Push-Methoden minimal, denn die Maßnahmen setzen erst an, wenn die Nachfrage erkennbar ist.

Das muss nicht heißen, dass es bei jedem Kontakt zum Abschluss kommt, doch das ist nicht das einzige Ziel, das verfolgt wird: Dank des neuen aktiven Kundenverhaltens mit eigenständigen Suchen sind nicht nur die Pull-Methoden reizvoll und gewinnbringend – ebenso sind es die Kooperationen und Mehrwerte, die man seinen Kunden konsequent anbieten sollte. Wir lieben es heutzutage, mitzugestalten und unseren Input beizusteuern. Warum sollten wir es nicht auch als B2B-Unternehmen nutzen? Hier werden zwei Fliegen mit einer Klappe geschlagen: Man erhält neuen Input, der von Kundenseite kommt und nicht aus einer theoretisch fokussierten, abgeschotteten Dunkelkammer heraus mühsam erarbeitet werden muss, und es entsteht kommunikativer Austausch mit der Zielgruppe. Letzteres wird aktuell noch immer zu oft verkannt, aber es ist ein wesentlicher Zugang und wertvollerer als unidirektionale Ansprachen.

4.3 Suchmaschinen – kommunikative Spielwiesen für Ein- und Verkauf

Ich habe jetzt schon vermehrt das große Suchen als Kundenverhalten angesprochen. Die Albträume, die einige Mittelständler haben, wenn sie sich mit ihren Suchmaschinenergebnissen auseinandersetzen, können daran nichts ändern: Wir suchen und suchen – und finden. Hier hat Google wiederum das geschafft, wovon viele träumen: Denn eigentlich suchen wir kaum noch, wir »googeln« meist – Branding in Höchstform. Inzwischen kommen nur noch wenige auf die Idee, diesen Suchmaschinenmarkt – wenn man das überhaupt noch so nennen will – zu erschließen und in Wettbewerb zu Google zu treten. Alle anderen sollten aber anfangen, sich in diese – und die anderen – Plattform einzugliedern und mit ihren eigenen Mitteln, Ideen und Produkten zu platzieren. Möglich ist das, und es ist essenziell, wenn man erfolgreich bleiben möchte. Denn wenn Google etwas kann, dann kundenorientiert zu agieren. Natürlich spielen Geld und Gewinn eine große Rolle, doch es ist die strategische Ausrichtung auf der obersten Ebene, die verstanden hat, dass alles in Bewegung bleiben muss und der Kunde – das bedeutet für Google der Suchende und nicht der Zahlende – immer als Erstes kommt.

SEM als »Search Engine Marketing« (Suchmaschinenmarketing) lässt sich aktuell in zwei Kategorien einteilen: SEO als »Search Engine Optimization« (Suchmaschinenoptimierung) und SEA als »Search Engine Advertising« (Suchmaschinenwerbung). Viele wissen das – doch wie das Ganze funktioniert, verstehen die wenigsten. So verhält es sich mit der Online-Suche: Wir erhalten eine Liste mit linear aufgereihten »objektiven« Ergebnisse, eingerahmt von weiteren Ergebnissen. Hier sehen wir die kleinen Hinweise »Anzeige« neben den ersten und untersten Suchergebnissen auf der ersten Seite und die Bildanzeigen rechts oben. Was genau dahintersteckt und wie die vorgeschlagenen

Seiten dort hingekommen sind, ist den Suchenden meist egal –
sie erhalten das, was sie brauchen. Denen, die gefunden werden
möchten, ist es alles andere als egal, doch sie stehen sie hierbei
oft vor großen unbekannten Faktoren.

Google legt diese Kriterien nicht offen, es besteht kaum eine
Möglichkeit, zu verstehen, was notwendig ist, um auf der ersten
Seite an den ersten Positionen zu erscheinen, ob organisch oder
als Werbung. Organisch bedeutet in diesem Zusammenhang,
tatsächlich eines der ersten Suchergebnisse zu sein, nicht mit
einer gekauften Anzeige oben zu stehen. Das bedeutet, Suchmaschinenoptimierung (SEO) zu betreiben – und ein wenig im
Trüben zu fischen. Dennoch: Dies zu tun kann mehr Vorteile
bringen, als sich überhaupt nicht mit dem Thema zu beschäftigen – und nicht gefunden zu werden.

Vor einigen Jahren noch haben zahlreiche Marketingagentu-
ren damit geworben, die richtige Wahl, Anzahl und Platzierung
bestimmter »Buzzwords« bestimmen zu können, sodass die Webseiten des Kunden weit oben gelistet wurden. Heute ist auch dies
überholt, die leserunfreundlichen Inhalte von Homepages mit
ewigen Wiederholungen irgendwelcher vermeintlich »relevanten
Stichwörter« haben ausgedient. Auch die für Leser unsichtbaren
Platzierungen bestimmter Begriffe im Quellcode von Seiten ist
nicht mehr aktuell. Denn Google hat erkannt, dass es nicht aus-
reicht, Algorithmen und Programme zu befriedigen: Der Kunde
bleibt Mensch und braucht anderen Input als Maschinen.

Ein kleiner Hinweis sei auch hier erlaubt: Wer nach einem ge-
scheiterten oder schon nur unbefriedigenden Versuch mit SEO
oder anderen Online-Marketingmaßnahmen sofort die Flinte ins
Korn wirft und doch wieder lieber Unsummen in seinen Messeauftritt steckt, sollte diese Entwicklungen etwas bewusster
und vielschichtiger betrachten: Google lernt aus seinen Fehlern,
Fehltritten, Versuchen und Tests. Bisher hat das dazu geführt,
dass das Unternehmen und vor allem seine Produkte noch besser, noch erfolgreicher, noch stabiler wurden. Fehler zu machen

bedeutet in erster Linie zu machen – und das ist immer wesentlich zielführender, als im Stillstand zu verharren.

Wenn bei Suchen schlechte Ergebnisse herauskommen, ist
das auch für die Suchmaschine schlecht, denn damit hat sie die
geforderte Leistung nicht erbracht. Und damit hätte Google seine Machtstellung nicht erreicht – auch die klugen Köpfe dort
müssen konstant daran arbeiten, die sich ständig ändernden Gegebenheiten und technischen Möglichkeiten zu berücksichtigen.
Das gilt genauso für die Anzeigen: Hier fließt bares Geld, doch
nicht um jeden Preis, wenn der Endkunde nicht das erhält, was
er braucht. Dann werden selbst die bestbezahlten Werbungen
nicht angezeigt. Forderungen und Erwartungen der Kunden
machen selbst vor Google nicht halt, ganz im Gegenteil.

Anstatt sich darüber zu brüskieren, sollten der Mittelstand lieber anfangen, dies zu nutzen. Richtig nutzen heißt dabei, nicht
nur eine Anzeige zu schalten oder sich passiv und strategielos
auf eine Agentur zu verlassen, die garantiert, dass das Unternehmen organisch auf dem ersten Platz erscheint: Mit einer ganz-
heitlichen, aus der Führungsebene kommenden strategischen
Ausrichtung, die sich intensiv und clever mit diesem Bereich
auseinandersetzt und ihn mit allen anderen Marketing- und Ver-
triebsstrukturen verbindet. Mit Kooperationen mit Experten,
die diese Strategie digital professionell umsetzen. Und mit Mut
zu Fehlern, aus denen alle lernen und die genutzt werden, um es
schließlich richtig gut zu machen.

SEO-optimierte Kontaktflächen – authentisch, organisch, markenbildend

Zurzeit sind es zahlreiche Faktoren, mit denen ein Unternehmen arbeiten und an denen es sich ausprobieren muss, um auf
natürlichem Wege, also organisch, bei Google und anderen
Suchmaschinen an erster Stelle zu landen. Hindernisse wie riesige Bilddateien, lange kryptische Links oder langsame Webserver

machen keinen Spaß, weder den Suchenden noch Google. Die
Texte auf den Seiten sollten regelmäßig überarbeitet und aktualisiert werden, ebenso wie Bilder oder Downloads.

Relevant ist hierbei nicht, dass Google dies so wünscht, sondern dass lebendige, kundenorientierte Unternehmen konstant
an ihren Produkten, Dienstleistungen und Services arbeiten –
und dies öffentlich machen. Schließlich soll der Kunde solche
Veränderungen mitbekommen. Traffic – also Bewegungen und
Nutzungen von außen auf den Seiten – ist die logische Folge
und entscheidend für das Suchmaschinen-Ranking. »Mal eben«
viel Verkehr auf der eigenen Internetseite herzustellen, ist dabei
sicher nicht trivial. Regelmäßige Aktualisierungen und Traffic
bedingen sich aber, denn wenn viel vonseiten (und auf den Seiten) des Unternehmens passiert, entsteht erst die Notwendigkeit und die Lust, diese wieder zu besuchen – erst dann neigen
Kunden und Interessenten dazu, hier ihre Informationen ein-
zuholen, und zwar immer wieder neue. Der berüchtigte Free
Content kann dabei einiges bewirken – und schafft Bindung, die
wiederum das Ranking verbessert.

Zudem denkt Google groß und global: Arbeitet ein Unternehmen international mit Kunden zusammen, können Übersetzungen weitere Pluspunkte bringen. Dieses Thema mag vielen
noch immer überflüssig erscheinen, allerdings hat Kapitel 3.6
bereits gezeigt, wie nah diese Entwicklung sein kann. Ist man
momentan noch nicht international unterwegs, kann dieser
Punkt zunächst außen vor gelassen werden. Auf längere Sicht
allerdings sollte jeder Stratege einen Merkzettel »Global Player?«
aufhängen und diesen alle drei bis sechs Monate überdenken.

Fließender Verkehr – responsive Webseiten

Weder aufzuschieben noch zu überdenken ist die mobile Websei-
tenansicht: Es gibt kein Argument gegen responsive Versionen,
die sich auf Smartphone- und Tablet-Darstellungen einstellen

und alle Inhalte leserfreundlich und displayflexibel anzeigen. Die Zahlen sind bekannt: 2017 erfolgten circa 65 Prozent aller Erstkontakte beziehungsweise Starts der Kundenreisen über mobile Wege für den B2B- und B2C-Bereich zusammengenommen – im B2B waren es immerhin circa 25 bis 30 Prozent, Tendenz klar steigend. Bei Leads und Kaufabschlüssen sieht es ähnlich aus, auch wenn die Zahl insgesamt geringer ist.

Generell wird die Tatsache, dass Interessierte zwar durchaus Webseiten am PC besuchen und begutachten, aber immer häufiger via Smartphone online gehen, unterschätzt. Sie tun es – und wenn eine Seite dann dank unleserlicher Schriften, verrutschter Inhalte und hoher Datenmengen vor allem Kopfschmerzen bereitet, kann man den Besuchern kaum verübeln, dass sie nur kurz verweilen und vor allem nicht wiederkommen.

Fließender Verkehr – kooperative Vernetzung

Erhöhter Traffic lässt sich aber auch dadurch generieren, dass Unternehmen ihre Definition von Konkurrenz und Kooperation überdenken und immer mehr Schnittstellen mit anderen Unternehmen schaffen. Erneut zeigen die technischen und gesellschaftlichen Entwicklungen, dass Geben und Nehmen, der Blickwinkel auf Wettbewerb und Kooperation sich ändern müssen: Wenn andere mit frischen Ideen online gehen, lässt sich mitgehen! Oder anders: Wenn man der Klügste im Raum ist, befindet man sich im falschen Zimmer. Vom Denken und Service anderer zu profitieren, ist nicht nur clever, sondern notwendig, um am Puls der Zeit zu bleiben.

Online gilt deshalb: Je mehr relevante Links eine Unternehmensseite aufweist, umso besser. Anonym funktioniert dies aber nicht: Der direkte Kontakt zu den jeweiligen Kunden und Partnern, die vorangehende Recherche über ihre Tätigkeiten und die jeweilige Platzierung helfen Google, sich ein Bild zu machen und zu erkennen, dass ein wirklicher Mehrwert für Suchende vorliegt. Gelingt dies, können Backlinks – also Rückverweise zu den eigenen Seiten im Webauftritt anderer Unternehmen – ebenso die Klickrate erhöhen und Google-Kunden, sprich die Suchenden, so zufriedenstellen, dass sie sich schneller geneigt fühlen, auf die Seiten zu kommen. Parallel steigern diese Backlinks das Vertrauen bei Google, schließlich sind Netzwerke und Service in Form von zahlreichen Verbindungen zu anderen verwandten Themen und Anbietern gut für die Kunden. Das kann Google dazu bringen, das Ranking zu verbessern – und schon entsteht eine Art Spirale nach oben.

Vertrieblern dürfte das Prinzip nicht unbekannt sein, Kontakte zu knüpfen ist schließlich Teil ihrer Aufgaben. Nun müssen sie – und das gesamte Unternehmen – sich darauf einlassen, dass es nicht nur (potenzielle) Kunden sind, sondern eben auch andere Unternehmen, die ebenfalls mit den Kunden zusammenarbeiten. Es muss nicht der nächste »Konkurrent« mit den gleichen Produkten sein, aber Zulieferer oder Hersteller anderer ebenso benötigter Teile. Zum einen können diese Schnittstellen dem Kunden das Leben und Arbeiten vereinfachen, zum anderen werden die Zielgruppen nicht exakt identisch sein und dadurch neue Kundengruppen erschlossen. So oder so, Google wird es gefallen – weil es den Kunden gefällt.

So geht SEO – aber eben nur, weil es kundentauglich und vorteilhaft für alle ist. Man kann über Google als mächtigen, monopolistischen Lenker diskutieren – das darf Sie aber nicht davon abhalten, die guten Strukturen und Konzepte zu nutzen. So viel Moral findet sich sonst auch nicht bei unseren Handlungen, die wirtschaftlichen Leitmotive können einfach bestehen bleiben.

Gefallen könnten der Suchmaschine auch Schnittstellen und Links zu den sozialen Medien. Auf den eigenen Facebookseiten Links zu seinem Webauftritt zu platzieren, andere zu liken und zu verlinken und regelmäßig frischen Content zu liefern, darf bei einer durchdachten SEO-Strategie nicht fehlen. Wer dies hier ausbauen und sich verstärkt auf informative, unterhaltsame und viele weitere Inhalte fokussieren möchte, ist im Content-Marketing angekommen. Je nach Branche, Zielgruppe und Produkt kann diese Spezialisierung mit den richtigen Angeboten vorteilhaft sein und weitere Kundengruppen generieren und binden. Wie man die wirklich guten Angebote schafft, ist wiederum eine Kunst an sich. »Relevanter Inhalt« ist leider nicht selbsterklärend, pauschale Aussagen sind nicht zielführend: Kunden können und müssen zwar digital abgeholt werden, weil sie sich nun mal im Netz tummeln – das heißt jedoch nicht, dass man eine allgemeine Agenda mit zwölf Schritten befolgen kann, die für alle greift. Ein starker Vertrieb kann hier aber enorm hilfreich sein, denn er kennt die bestehenden Kunden, weiß, was gerade gefragt ist und wo Bedarf besteht. Der Einkauf wiederum kennt die Unternehmen, mit denen erfolgreiche Kooperationen bestehen, und kann diese Kontakte nutzen, um auf allen Seiten nutzbringend zu agieren.

»Einfach mal machen« ist allerdings dumm: Nicht jeder Partner ist wertvoll, nicht jeder Link vertrauensbildend. Es geht um Inhalte, um Mehrwert. Hat der Partner also einen neuen Konfigurator online gestellt, neue Whitepaper, neue Produkte – sehr gut. Auch nebensächliche Themen können zu neuen Ideen führen – solange sie nicht sinnlos oder werbeorientiert sind. Verkauft man Maschinen, sind Wartung, Fehlerbehebung und Zusatzleistungen goldwert. Hat man jedoch lediglich ein Bild ausgetauscht oder noch nicht mal das, langweilt man seine Kunden – oder nervt sie gar. Diese feine Gratwanderung lässt sich anhand des Kundenverhaltens erkennen: Bleiben Kunden nur kurz auf den Seiten, scheinen Angebot oder Lockmittel die falschen zu sein. Dann heißt es: weitere Inhalte testen, Neues ausprobieren.

Alles zusammen steigert die Chancen, seine Unternehmensseiten organisch weiter oben wiederzufinden. Es steigert jedoch nicht die Wahrscheinlichkeit, nach drei Monaten noch so intensiver Arbeit einen Haken an diesen Punkt zu machen und erst zwei Jahre später wieder draufzuschauen: Diese Strukturen befinden sich ebenso im ständigen Wandel wie alle anderen Unternehmensthemen. Und auch Google organisiert seine fokussierten Hebel regelmäßig neu, um nicht offensichtlichen Manipulationen zu unterliegen. Anstatt also zu versuchen, Google zu durchschauen, um auf der ersten Position zu erscheinen, ist es wesentlich schlauer, seinen Kunden echten Mehrwert zu bieten und Service konsequent großzuschreiben.

Fließender Verkehr – mit Vertrauen innovativ handeln

Dass Vertrauen im digitalen Marketing schwächer ausgeprägt ist, ist bereits in den ersten Kapiteln angeklungen. Dass Vertrauen dennoch eine Rolle spielt, aber online anders aufgebaut wird, ebenfalls. So legen die meisten von uns zumindest in bestimmten Bereichen mehr Vertrauen in die organischen Ergebnisse einer Suchmaschine als in bezahlte Anzeigen. Entsprechend tun Unternehmen, beispielsweise aus dem Finanzsektor, gut daran, sich intensiv mit SEO zu beschäftigen, um organisch sichtbar zu werden und so Kontakt zu ihren Kunden herzustellen. In Branchen wie diesen nehmen potenzielle Kunden sich eher Zeit für die Recherche, handeln selten unter Zeitdruck, vergleichen und suchen nach durchaus emotionalen Eckpunkten, die sie in ihren Entscheidungen bestätigen. Werbeanzeigen scheiden in dieser Hinsicht schlechter ab, Vertrauen erlangt man nicht per Überweisung.

Für die SEO-Taktik bedeutet dies, Relevanz von Vertrauen auszutarieren – und die entsprechenden Maßnahmen aufzusetzen. Backlinks sollten immer wieder im Vordergrund stehen, denn sie reflektieren einen gewissen Bekanntheits- und Vertrauensgrad. Das kennen wir aus anderen Lebensbereichen: Wenn wir einen Zahnarzt oder ein Restaurant suchen, ist eine Empfehlung grundsätzlich wertvoll. Erhalten wir diese von einem Unbekannten, spielt sie allerdings eine wesentlich geringere Rolle als die Empfehlung eines sehr guten Freundes oder medizinischen oder kulinarischen Experten – auf diese reagieren wir erheblich schneller und häufiger. Die Wertigkeit einer Empfehlung variiert hier genauso wie in der digitalen Welt. Google zum Beispiel mag Verlinkungen von Wikipedia wesentlich lieber als von »honigmäuschen222«, was nicht groß überrascht.

Bestehen also Kooperationen oder sonstige Verbindungen zu größeren und bekannten Unternehmen mit belebten Seiten, lässt sich damit viel erreichen. Bestehen sie nicht, sollte ein Unternehmen sich fragen, warum dem so ist: Gibt es keine Kontakte zu anderen Unternehmen außer den Kunden? Fehlen Netzwerkpartner? Führung, Marketing, Einkauf und Vertrieb sollten sich in solch einem Fall zusammensetzen und strategisch vorgehen: Es wird mit Sicherheit solche Kontakte geben, sie werden nur kaum gepflegt oder zumindest nicht in der Öffentlichkeit. Dabei kann genau das die so häufig geforderten Vertrauensvorschüsse bringen. Warum verheimlichen, dass man vernetzt ist?

Gerade im B2B-Bereich ist der Wechsel zwischen Kunde und Anbieter fließend, jeder ist im Zweifel beides. Traut ein Unternehmen seinem Zulieferer, wird es den Partnern dieses Zulieferers durchaus Vertrauen entgegenbringen können. Der eigene Kunde kann es dann auch. Auf jeden Fall schafft man so Bewegung – und damit Traffic. Es müssen in solchen Fällen nicht die großen Namen sein, Hidden Champions und generell Unternehmen mit hoher Qualität, gutem Service und ausgeprägtem Innovationsdenken können sogar den Aufwand minimieren, denn wenn sie kundenorientiert sind, passiert bei ihnen ständig etwas – und das kann auch die eigenen Kunden interessieren.

An dieser Stelle hört der alltägliche Gebrauch von Suchmaschinen nicht auf. Denn wenn es schnell gehen muss, wenn ein Notfall vorherrscht, akut nach einer Lösung für ein Problem gesucht wird, klicken Suchmaschinennutzer vermehrt auf die ersten Anzeigen, die oben erscheinen. Umso mehr sollte die SEM-Strategie sich mit beiden Methoden befassen und einen geschickten Mix herstellen.

SEO wäre somit nur der erste Streich. Greift man nach den ersten Erfolgen parallel mit SEA an, also mit bezahlten Anzeigen, wird sich das rechnen. Weil diese nur dann bezahlt werden müssen, wenn die Kunden tatsächlich klicken und auf die Seite kommen. Gewinnen kann das Unternehmen dann, wenn der Kunde oder Interessierte dort auch das findet, was er erwartet. Und wenn er zuvor eben einen Eindruck von der Vertrauenswürdigkeit erhält.

SEA – Anzeigen als Service, nicht als Verkaufsmasche

Konkret lässt sich das ganze Thema an einem Beispiel veranschaulichen: Nehmen wir einen B2B-Hersteller für Ventiltechnik. Dieser Begriff wurde letztes Jahr im Schnitt circa 110 Mal im Monat gesucht. Das ist zunächst wenig, das Thema aber nur für eine relativ kleine Zielgruppe relevant. Dennoch stehen dieser Zahl auf der Ergebnisseite 165.000 Treffer gegenüber. Der Suchende hätte also einiges zu tun – würde er Zeit, Muße und keine andere Möglichkeit haben, als eine Auswahl zu treffen und schneller zu finden, was er wirklich braucht.

Für den Anbieter, Hersteller, Dienstleister stellt sich nun die Frage, ob und wie er mit SEO sein Ziel erreicht, ganz oben in den Suchergebnissen zu erscheinen. Grundsätzlich steht fest: Der Aufwand wäre überschaubar, stünde aber in keiner Relation zu den Kosten. Theoretisch kann er die hunderttausend anderen Anbieter übertrumpfen, zum Beispiel mit lange geplanten Kampagnen und ein wenig Zeit, mit geschickten URLs, die das Suchwort enthalten, mit sich wandelnden Quellcodes, mit passenden Meta-Texten, welche im Hintergrund die Seite beschreiben, mit Texten und Überschriften, in denen das Stichwort »Ventiltechnik« auftaucht.

Bei 110 Suchanfragen könnte das alles dennoch nur zu 10 Klicks führen – gut, aber eben nicht effizient. Parallel müssten weitere, auch analoge Maßnahmen folgen, Backlinks und vieles mehr.

Lassen wir einmal die Agenturen beiseite, welche für dieses nette, aber zu wenig bringende Ranking pauschal 500 Euro monatlich nehmen, auch wenn es sie nur ein paar Stunden kostet. Die Frage ist allerdings, warum man dies so und als Erstes tun sollte, wenn es andere Möglichkeiten gibt. Diese Maßnahmen sollten durchaus getroffen werden, allerdings als strategische Ausrichtung auf den Kunden, nicht als Quick-&-dirty-Lösung, um schnell neue Kunden zu akquirieren.

Kontrolliert – für jeden Bedarf, jede Zielgruppe und jedes Budget

Wer sich in solch einer Situation befindet und Neukunden begeistern will, kann wesentlich erfolgversprechender handeln und zunächst mit SEA arbeiten und bezahlte Suchmaschinenwerbung schalten. Das bedeutet, das Unternehmen identifiziert, prüft und wählt die Suchwörter, die verwendet werden, und schaltet diese Anzeigen, wie wir sie als Google-Nutzer kennen: Sie sehen aus wie Suchergebnisse, erscheinen aber als erste vier oder als letzte auf der ersten Seite und sind mit dem kleinen Hinweis »Anzeige« gekennzeichnet.

Die Kosten dafür? Offensichtlich mehr als erklärungsbedürftig, denn zu viele Unternehmer schrecken zurück, weil sie SEA mit Strukturen klassischer Anzeigen verbinden – und mit den horrenden Preisen derselbigen. Dabei schwanken Vorstellung und Erwartungshaltung bezüglich der Preise enorm: Den einen sind die Kosten für diesen »neuartigen Quatsch« grundsätzlich zu hoch, den anderen ist die flexible Form der Kosten weder verständlich noch zugänglich. Die letzte Gruppe spaltet sich in Mutige, die digital denken und das System für sich nutzen, und Traditionalisten, die es nicht schaffen, über ihren Schatten zu springen, sodass sie nach kurzer Zeit, bevor sich überhaupt ein messbarer Erfolg einstellen kann, aufgeben.

Dass Online-Marketing sich rechnet, wird oft genug betont

und belegt. Dass dies nicht bedeutet, dass es umsonst oder mit
kleinen dreistelligen Beträgen getan ist, zwar auch – dennoch ist
dies noch immer häufig die nicht erwartete und somit frustrierende Antwort. Dabei ist es völlig irrational, so zu denken. Es ist
vor allem nicht digital gedacht und verbaut die Möglichkeiten,
aus einer investierten Summe X wesentlich mehr herauszuho-
len. Die Suchmaschinenanzeige muss formuliert, vorbereitet,
eingereicht und die Suchbegriffe müssen identifiziert werden.
Ob dies intern oder extern an Experten weitergegeben wird, investiert wird an dieser Stelle durchaus. Aber für die »Schaltung«
der Anzeige entstehen keine Kosten – und das macht SEA so
attraktiv.

Versteht man die Maßnahmen als »Calls to Action«, also als
Handlungsaufforderungen an den Kunden, so wird nicht schon
beim »Call«, also der Schaltung der Anzeige bezahlt, sondern
erst bei der »Auslieferung«, der »Action«, wenn ein Suchmaschi-
nenbesucher die Anzeige tatsächlich anklickt und somit auf die
Seiten des Unternehmens weitergeleitet wird. Folgt niemand der
Aufforderung, in Kontakt zu treten, fließt kein Geld an den Such-
maschinenbetreiber. Folgen ein paar, ist der Preis sehr gering –
vor allem aber kalkulier- und kontrollierbar, denn die Anzeige
lässt sich zu jedem Zeitpunkt zurückziehen und optimieren, bis
sie schließlich den gewünschten Effekt zeigt.

Wird der »Call to Action« massenweise aufgegriffen, ohne dass
er zu Abschlüssen führt, ist es umso entscheidender – und beru-
higender –, dass es keine starr fixierte Kampagne ist, die sinnlo-
serweise weiterläuft und unverrückbar Unsummen verschlingt.
Stattdessen kann sie sofort gestoppt und die Reaktionen können
analysiert werden: Warum nimmt der Besucher nur einmal oder
nur kurz Kontakt auf? Warum erwartet er offensichtlich etwas,
was er nicht findet? Warum hat er eine falsche Erwartungshaltung, wenn er auf die Seite kommt? Die Antworten auf all diese
Fragen lassen sich systematisch, theoretisch, vor allem aber auch
praktisch und empirisch beantworten. Die Tests finden direkt

am Ort des Geschehens statt, wenn man so will – nicht unter Laborbedingungen, nicht erst nach vielen Jahren Vorarbeit, sondern mit echten Suchenden, die reale Suchmaschinen nutzen. Mit SEA kann jedes Unternehmen schnell und gesichert auf den obersten Positionen auftauchen, während es sich und seine gewählten Suchbegriffe zunächst testet und anhand der Resonanz optimiert und etabliert. Wenn dann Leads entstehen und daraus eine Anzahl an Kunden, die schließlich mehr einbringen, als die Kampagne für sie gekostet hat, müsste jedem Unternehmer mit Geschäftssinn klar werden, was dies bedeutet.

Suchmaschinen arbeiten für suchende Kunden – nicht für zahlende Anbieter

Erneut Google kommt mit interessanten Tatsachen ins Spiel: Der Konzern stürzt sich gar nicht auf den Meistbietenden und legt ihm die Topplatzierungen zu Füßen. Hier wird nicht nur abgezockt, Google hat nämlich verstanden, was digitales Denken ausmacht: Der Kunde muss glücklich gemacht werden. Dieser Kunde wird es aber nicht lange sein, wenn die Anzeigen – oder eben alle Informationen und Kontakte, die als Erstes in seinem Blickfeld erscheinen – kein Vertrauen erwecken oder nicht zu dem passen, was er gesucht hat. Wenn es nichts Relevantes zu einem Unternehmen gibt, dieses aber an erster Stelle bei den bezahlten Anzeigen erscheint – was würden Sie dann tun? Richtig, nicht mehr nur diese eine Suchmaschine nutzen. Das hat auch Google erkannt und setzt nicht den Meistbietenden nach oben, sondern den mit dem wie auch immer eruierten größten Vorteil und Nutzen für die Suchmaschine und ihre Kunden.

Wenn eine Anzeige dem suchenden Kunden also nicht hilft oder nicht zur Anfrage passt, wird Google nicht zulassen, dass sie bei diesem Suchwort erscheint – selbst wenn ein Unternehmen bereit wäre, Unsummen für diese Werbung zu bezahlen. Wenn jemand nach »Schrauben« sucht und als erste Treffer »Betonplatten« erhält – da Firmen aus der Baubranche, die nach Schrauben suchen, theoretisch auch Betonplatten brauchen könnten –, wird er es der Suchmaschine anlasten und unzufrieden sein. Auch wenn die Monopolstellung von Google in Stein gemeißelt scheint: Sie würde mit solchen gekauften Anzeigen auf Dauer ausgehebelt. Google lebt davon, dass es seinen Kunden schnell und exakt das liefert, was sie suchen. Wenn jemand so generisch sucht wie im Schraubenbeispiel, muss er natürlich damit rechnen, dass er eine schier unendliche Masse von Ergebnissen erhält – und erwartet das mittlerweile auch. Die Konsequenz: Die ersten Ergebnisse werden berücksichtigt, die anderen gehen unter. Dafür kann Google nichts. Umso wichtiger ist es für die Anbieter, sich so weit oben wie nur möglich zu platzieren.

Das geht im B2B-Bereich sehr gut mit bezahlten Anzeigen – allerdings ausschließlich mit Suchbegriffen und Inhalten, die wirklich relevant sind. Da kann der Betonbauer noch so gigantische Unsummen anbieten, um oben auf der ersten Seite als Anzeige zu erscheinen: Wenn der Kunde nach Schrauben sucht, wird Google sich nicht kaufen lassen. Der sogenannte »Qualitätsfaktor« verhindert das und konzentriert sich statt nur auf die Werbesummen auf die Passgenauigkeit der Antworten in Bezug auf die Fragen.

Verkaufen Unternehmen also die gewünschten Schrauben, ist es mit Geld für die Anzeigen nicht getan: Es reicht nicht, bei dem Gebotsverfahren um diese Anzeigenplatzierung die höchste Summe anzubieten. Die Suchmaschine geht auch hier mehrere Schritte weiter und prüft das jeweilige Unternehmen mit seinen verlinkten Seiten, Inhalten und Mehrwerten für den Kunden. Konkret sieht die – durchaus erneut nicht vollständig transparente – Vorgehensweise von Google so aus: Anbieter A, B und C möchten beim Suchwort »Schrauben« ihre Anzeige auf der ersten Seite platziert sehen und nehmen entsprechend am Auktionsverfahren teil. Jeder bietet nun auf die präferierte Position, und zwar blind. Das heißt, weder weiß ein Unternehmen von dem anderen, noch wie viel diese Wettbewerber für die Platzierung zu zahlen bereit sind. Anbieter A mag seine Höchstgrenze pro Klick auf 2 Euro setzen, Anbieter B auf 1 Euro und C auf 80 Cent. Nun werden sie aber nicht, wie man zunächst erwarten könnte, in dieser Reihenfolge gelistet. Stattdessen schlägt sich der Qualitätsfaktor nieder: Wie gut passt der Suchbegriff zur Zielseite, wie gut ist die Seite selbst, wie sind ihre Verlinkungen, Inhalte, Aktualität? Diese Vorgehensweise von Google ist, wie schon gesagt, nicht transparent – das Ergebnis der Multiplikation von Score mit Preis allerdings schon. Und dieses kann dann so aussehen, dass Anbieter C auf dem ersten Platz erscheint und zudem weniger zahlen muss als seine angegebene Höchstgrenze. Warum? Der Kunde wird praktisch um jeden Preis zufriedengestellt, denn das lohnt sich für Google – wie für jedes Unternehmen – am meisten.

Einigen wird an dieser Stelle möglicherweise auffallen, dass Google hier als Ersatz für »Suchmaschine« genannt wird. Der Konzern ist bei uns in der Tat mehr als beliebt und hält seine Quasi-Monopolstellung mit großem Abstand bei 85 Prozent. Denn ja, es gibt in Deutschland noch andere Suchmaschinen, beispielsweise Bing oder Yahoo, und sie werden durchaus genutzt. Weltweit besitzt Google einen Anteil von 90 Prozent am Suchmaschinenkuchen, dennoch spielt das Unternehmen in China eine sehr kleine Rolle und nimmt in Russland etwa die Hälfte des Markts ein. Das sei nur am Rande bemerkt für all diejenigen, die nicht mit dem Mainstream mitgehen oder eben nach China oder Russland expandieren möchten – digital, versteht sich.

SEO – weil es billiger ist?

Ob all dieser Unsicherheiten werden immer wieder die SEA-Preise kritisiert und lieber über SEO nachgedacht. Dabei gibt es das genauso wenig umsonst. Entweder beauftragt man eine Agentur, die über einen längeren Zeitraum operieren muss, oder man wählt jemanden aus dem eigenen Unternehmen, der sich in das Thema einarbeitet. Beide Taktiken sind nicht ungefährlich, denn auch mit SEO lässt sich Geld verbrennen, wenn man es nicht richtig angeht. Intern wären Wochen mit Schulungen oder längerer Autodidaktik nötig, erste Grundkenntnisse reichen hierfür nicht. Das tun sie sowieso in den wenigsten Unternehmensbereichen: Ohne ein grundsätzliches Verständnis der Thematik, operative Erfahrungen und dauerhafte Fortbildungen wird das nicht funktionieren.

Beim SEA wird zudem häufig vergessen, dass nur tatsächliche Besucher des beworbenen Links bezahlt werden müssen, nicht aber die Anzeige als solche wie bei den bekannten, analogen Anzeigen: Bei der Printanzeige in einem Magazin muss der Fixpreis gezahlt werden, völlig unabhängig davon, ob sie tatsächlich potenzielle Kunden auf die eigenen Internetauftritte, in das lokale Geschäft oder ans Telefon lockt oder nicht – beim SEA ist dies nicht der Fall. Außerdem lässt sich zu jedem Zeitpunkt festlegen, ob man noch mehr Geld ausgeben möchte oder nicht.

Haben also beispielsweise 50 Suchende die Anzeige aufgegriffen und den Link genutzt, sind aber nur wenige Sekunden auf den Seiten geblieben, haben keine weitere Aktion – zum Beispiel eine Anfrage über das Kontaktformular, den Download eines kostenlosen Angebots oder einen Anruf – vorgenommen, so ist es durchaus klug, die Bremse zu ziehen und zu überlegen, warum die Besucher offensichtlich nicht das finden, was sie erwarten.

All das ist möglich: Das Controlling im Online-Marketing erlaubt minutiöse und extrem feingliedrige Beobachtungen und Justierungen. Man muss diese Möglichkeiten allerdings kennen und nutzen – oder von einer Agentur nutzen lassen. Wer jedoch sparen und ohnehin nur eine Kampagne mit zwanzig Anzeigen starten möchte, »um sich das erst mal anzuschauen«, hat mal wieder keinen vor dem ersten Schritt getan.

Bei unserem Schraubenbeispiel wäre es also am klügsten,

zunächst mit bezahlten Anzeigen zu arbeiten, bis ein gewisser Traffic erreicht wird. Stimmt der Return on Investment, geht ein cleveres Unternehmen den zweiten Schritt und setzt mit SEO einen drauf und versucht, auch organisch weiter oben zu ranken. Zu diesem Zeitpunkt lässt sich die Wahrscheinlichkeit eines Kontakts nämlich extrem steigern, wenn die eigene Seite beziehungsweise das eigene Angebot auf der ersten Seite zweimal erscheint: Denn 92 Prozent aller Suchmaschinennutzer schauen sich die zweite Seite gar nicht mehr an, sondern wählen auf der ersten aus. So addieren sich die Chancen fröhlich und sollten deutlich machen, dass sich SEA auch mit erfolgreichem organischen Ranking dank effizienter Suchmaschinenoptimierung lohnt.

Die Mischung hat es in sich, vor allem, wenn die Maßnahmen in der genannten Reihenfolge durchgeführt werden: Dann bezahlt das Unternehmen zu Beginn nur die tatsächlichen Klicks, die auf die Anzeige folgen, im umgekehrten Fall zahlt es für die SEO-Maßnahmen, die zunächst wenig bringen werden. Laufen beide, beobachtet das Unternehmen die Geschehnisse – gegebenenfalls gemeinsam mit der darauf angesetzten Agentur – und justiert regelmäßig nach, baut weitere Kampagnen auf, testet weitere Suchbegriffe und das Verhalten der Besucher. Der Mix sollte dann über weitere Kanäle gehen, ob digital oder analog.

Wie gesagt, digital denken bedeutet nicht, bei einer Maßnahme digital anzusetzen, sondern die gesamte Bandbreite der Kontaktpunkte zu nutzen. Weil dies bedeutet, den Kunden zu kennen und zu wissen, wo er sich aufhält, wie er handelt, wann er zugreift oder nächste Schritte unternimmt.

5 Controlling – Tests, Analysen und Steuerungsmöglichkeiten ohne Streuverluste

Online-Marketing lässt sich konkret packen, nachvollziehen und umsetzen. Es lässt sich allerdings nicht so leicht begreiflich machen, wenn jemand mit Unternehmerherz, aber analogen Denkweisen an die Sache herangeht – und nicht gewillt ist, etwas Mut zu zeigen. Es mag erstaunlich oder gar gruselig klingen, was bei der Digitalisierung von Unternehmen alles schiefgelaufen ist und wie viel Geld bereits verpulvert wurde. Die begangenen Fehler haben jedoch zu einem enormen Learning geführt, und es sind Methoden und Techniken aufgekommen, welche die operative Umsetzung erheblich verbessern.

Endlich ist das Bauchgefühl nur noch ein Mosaikstein im Controlling. Längst dreht sich nicht mehr alles um Spekulationen oder Annahmen, die sich früher erst nach einem Jahr anhand weicher Faktoren evaluieren ließen. Längst geht es nicht um gekaufte Links oder SEO für Dummies, um tote Online-Shops oder Agenturen, die sich noch immer damit über Wasser halten, dass sie ihren Kunden das lilabuntgestreifte Wunder vom digitalen Himmel lügen können. Viele im Mittelstand sind nicht mehr so naiv und lassen sich dummes, weil ineffizientes, aber teures Zeug aufschwatzen. Der Hauptgrund dafür ist bereits in den vorangegangenen Kapiteln angeklungen: Heute kann und sollte jede Maßnahme im Online-Marketing auf Wissen und Fakten zum Kundenverhalten basieren. Jede Anpassung und Entwicklung kann aufgrund von tatsächlich stattfindenden Reaktionen der Kunden vorgenommen werden, und zwar zeitnah.

Controlling, wie es im Online-Marketing möglich ist, schafft enorme Vorteile und Möglichkeiten, denn damit bekommen Budgetanfragen eine ganz andere Relevanz. Unternehmen können wesentlich gezielter auf ihre Kundengruppen zugehen, können diese erheblich fundierter benennen, ihre Erwartungen erkennen und ihre Vorgehensweisen verfolgen. Indem sie die zahlreichen und vielfältigen Controlling-Methoden und -Werkzeuge nutzen, können sie zudem ihr Budget so flexibel halten wie sich und ihre Produkte.

Jetzt muss auch das Marketing nicht nach wagen Vermutungen und Wünschen der Vertriebler handeln, sondern nach den Bedürfnissen der Kunden: Wenn ein Unternehmen diese Wünsche – ob explizit ausgesprochen oder nicht – immer wieder hinterfragt, kommt es wesentlich schneller zum Ziel. Die digitalen Strukturen erlauben es, diese Fragen geradezu minutiös zu beantworten – und zwar durch die reelle Dokumentation. Sie bieten uns die nötige Transparenz, um nicht mehr zu vermuten, sondern um ganz eindeutig zu sehen, wie der Kunde sich verhalten hat, auf welchen Kanälen er wie lange was getan hat, wohin er danach gegangen ist, welche Geräte er dafür verwendet – und welche Produkte er schließlich gekauft oder eben nicht gekauft hat. Im letzteren Fall sind wieder Hypothesen aufzustellen, die es zu testen gilt, doch auch das ist online schneller, einfacher und billiger möglich. Das Geld für die Printanzeige im Fachmagazin ist weg, ob man nun keinen oder vierzig Neukunden gewinnt, die Kosten des Messestands lassen sich ebenso wenig halbieren, wenn der Vertriebler merkt, dass dort eigentlich nichts zu holen ist oder mit den falschen Mitteln geworben wird.

Im Online-Marketing hingegen können Kampagnen, Anzeigen und Banner jederzeit gestoppt werden. Sie können vervielfacht, ihre Reichweite verändert und ihre Laufdauer manipuliert werden. Und zwar nicht abhängig vom Budget, der Laune des Unternehmers oder den Vermutungen der Marketingabteilung – auch wenn das leider noch immer passiert –, sondern aufgrund des tatsächlichen Kundenverhaltens. Wenn eine Anzeige in Kombination mit einem bestimmten Suchwort zu hohen Klickraten führt, wenn die Kunden in signifikanter Anzahl über diese

Anzeige auf die Unternehmensseiten kommen, dort verweilen, Downloads nutzen, weiteren Kontakt aufnehmen und kaufen, lohnen sich die Ausgaben der Anzeige.

Funktioniert sie nicht, stoppt man sie zunächst – und schmeißt die Flinte nicht entnervt ins Korn, sondern analysiert die Ursachen. Controlling sei Dank lässt sich erkennen, wo und zu welchem Zeitpunkt der Reise es hakt: An welchem Punkt gehen die Kunden nicht mehr weiter? Wie viele reagieren überhaupt nicht, obwohl sie aufgrund ihrer Suchbegriffe eigentlich sollten? Warum bleiben sie lange auf den Unternehmensseiten, kommen aber nicht mehr wieder? All diese Fragen sind nicht trivial, sie lassen sich aber durch Manipulationen der Kampagnen zumindest soweit »beantworten«, dass man es schafft, die Kunden doch zufriedenzustellen – denn nur dann kommen sie wieder. Und nur dann kann der Gewinn für das eigene Unternehmen gesichert werden.

5.1 Versuch und Irrtum – mit Mut und Kundennähe

Springen die Besucher schnell von der eigenen Seite ab, baut man Variationen in diese ein – stellt also zwei Seiten gegeneinander, sodass ein Besucher Version A und ein anderer Version B zu sehen bekommt. So lassen sich unterschiedliche Bilder, Texte, Links, Fonts, Produkte testen – und bei steigenden Verweildauern entsprechend behalten. Genau das ist es, was so grandios mit einer neuen Fehlerkultur zusammenläuft: Es sind keine Fehler, die da passieren, es sind Erkenntnisse, die man gewinnt. Wird etwa ein Bild getestet, das sich negativ auswirkt, hat man weder sein gesamtes Budget für dieses Marketing-Puzzlestück verbraten, noch muss man für immer damit leben. Stattdessen wird dieses Bild mit dem empirischen Beleg, dass es nicht funktioniert, eliminiert und ein anderes eingesetzt.

Trial and error, also Versuch und Irrtum, deuten auf Mut und

Kundennähe hin, nicht auf Inkompetenz. Der Kontakt zum Kunden wird durch das Controlling auf eine neue Ebene gehoben: Kalt akquiriert wird so kaum noch jemand, etwas blind versucht ebenso wenig. Stattdessen entsteht durch dieses Feedback ein zusätzlicher Dialog in unsichtbarer Form, den der Kunde in für ihn immer relevanteren Inhalten wahrnimmt und der Anbieter in neuen und immer besseren Produkten, stärkerer Bindung und steigenden Zahlen.

Mut mit Kontrolle, nicht Wagnis mit Risiko

Am Anfang muss sicher vieles ausprobiert werden, bis die Werte und Vorstellungen des Kunden verstanden und weitergedacht werden können. Es ist jedoch reines Glücksspiel, wenn es heißt: Digitalisiert eure Produkte, lasst euch Neues einfallen! Mit solchen Zugängen zu Verhalten, Indikatoren und Kennzahlen geben die Kunden schließlich die ersten Konzepte und Richtungen praktisch ebenso vor wie die Kanäle und medialen Formen (Video, Whitepaper et cetera), auf und mit denen sie angesprochen werden möchten. Dann heißt es: testen, messen, mit den Zielen abstimmen und nachjustieren. Emotionen und qualitative Messungen gehören immer noch dazu, wir kaufen schließlich auch im B2B-Bereich mit dem bekannten Bauchgefühl. Doch dieses wird immer positiver ausfallen, wenn ein Unternehmen konstant daran arbeitet, zu erkennen, was der Kunde tut.

Zudem sind die Risiken ganz andere und sehr überschaubar. Es braucht also Mut, sich in diese digitale Welt zu stürzen, allerdings nicht, weil das Budget wie beim Pokern mit einem Schlag riskiert wird. Ganz im Gegenteil kann man mit kleinen Summen hantieren, die dennoch zum Erfolg führen. Mut ist notwendig, wenn es im ersten Schritt darum geht, sich überhaupt darauf einzulassen, nicht in starren und zu kleinen Summen zu denken – die keine Chance auf Erfolg haben können – und Fehler zuzulassen. Dafür braucht es Courage in den Führungsetagen, nicht aber auf der Finanzierungsseite – diese wird durch die Test- und Kontrollmöglichkeiten abgefedert.

Nicht nur beobachten – auswerten!

Mittlerweile gibt es jede Menge Webmonitoring-Werkzeuge, die häufig verwendet werden – es sollte aber klar sein, dass sie nur monitoren, also beobachten, nicht analysieren. Webanalyse-Tools sind komplexer, aber dafür wesentlich zielführender, da sie die Daten systematisch analysieren und so konkrete Anhaltspunkte für eventuelle Konsequenzen liefern. Serverstatistiken, Absprungraten, Verweildauern, Endgeräte, Seitennutzung und vieles mehr kann hier geprüft werden: Wann und wie lange gehen meine Besucher auf die Unternehmensseiten? Wie weit scrollen sie runter, welche Unterseiten klicken sie an, wie lange lesen sie die Texte? All diese Informationen sind Gold wert, wenn es darum geht, die Marketingmethoden zu optimieren und den eigenen Webauftritt so zu gestalten, dass er nicht nur als starre, unidirektionale Visitenkarte fungiert, die irgendwie vorhanden sein muss – und ausreichen soll, um behaupten zu können: »Wir sind doch online!«

Wer digital denken lernt, läuft sich mit solchen Analysen gerade mal warm, denn im nächsten Schritt gilt es, die Kennzahlen nicht nur eindimensional auszuwerten, sondern in Korrelation zueinander zu lesen: Werden die Texte nicht gelesen, weil die meisten Besucher über ihr Smartphone kommen und die Seiten nicht responsiv sind, die Texte also kaum lesbar? Wird das Whitepaper nicht geladen, weil der Link zu weit unten auf der Seite platziert ist oder weil die Inhalte schlecht sind? Bleiben die Besucher nur so kurz im Online-Shop, weil die Produkte die falschen sind oder weil die Aufmachung unübersichtlich und unpraktisch ist? Hier heißt es testen, testen, testen, um tatsächlich bestehende von imaginären Korrelationen unterscheiden zu können. Denn häufig laufen Unternehmen und Agenturen Gefahr, vorbelastet in diese Analysen zu gehen und Korrelationen zu sehen, die gar nicht existieren.

So könnte man zum Beispiel annehmen, dass die organische Suche und damit die SEO-Maßnahmen nicht funktionieren, weil die Besucher der Seiten, die über Google kommen, wesentlich kürzer bleiben als jene, die direkt über die URL auf die Webseiten gelangen. Nimmt man jedoch eine andere Perspektive ein und betrachtet weitere Aspekte, fällt auf, dass die meisten Besucher, die über die organische Suche zur Seite finden, mit ihren Smartphones arbeiten – und somit vielleicht ohnehin nur einen ersten schnellen Eindruck erhaschen wollten. Oder die Seiten nicht responsiv und damit leserunfreundlich sind. Oder die Texte zu lang, die entscheidenden Links viel zu weit unten platziert sind. Testen und optimieren – das ist und bleibt die Devise.

Diese Kontrollmöglichkeiten sind kein triviales Kinderspiel und vollständig zu automatisieren, sie wollen sorgsam gestaltet werden. Dann jedoch können sie enorme Strahlkraft entwickeln und zu überzeugenden Erfolgen führen.

Nachfassen und besser machen

Besucher, die nicht gekauft haben oder geblieben sind, lassen sich online erneut ansprechen: Das Retargeting als Verfolgungsmethode kann mit ganz gezielten Anzeigen auf Seiten, auf denen sich dieser ehemalige Besucher danach aufhält, sein Interesse erneut aufgreifen und wiederbeleben. Der Wiedererkennungswert allein schafft dabei bereits ein gewisses Vertrauen, zudem kann durch die geschickte und individuelle Nutzung von relevanten und verwandten Webseiten positive Aufmerksamkeit geschaffen werden. So entstehen kurze Wege für die potenziellen Kunden und eine erhöhte Konversionsrate für das Unternehmen. Steigt sie nicht, versagen also die Retargeting-Maßnahmen in der ersten Instanz, gilt es erneut zu überdenken, warum der potenzielle Kunde nicht so handelt wie erwartet: Sucht er ein anderes Produkt? Ist die Ansprache eine falsche, weil zu spezifisch, zu fachlich, zu generisch?

Selbst wenn es zu Beginn mehrerer Anläufe bedarf, ist die Taktik des Retargetings im B2B-Bereich extrem lohnenswert, da der Kaufprozess häufig lang ist. Bei Investitionsgütern sucht und recherchiert zudem nicht nur eine Person, sondern auch die besagten Praktikanten, die eine erste Vorauswahl treffen sollen, der Einkauf und die Entscheider. Es werden also mehrere Anläufe unternommen, da lässt sich mit geschickten Analysen mehr als einmal der Fuß in die Tür bringen.

5.2 Neue Angebote entwickeln – kontrolliert, kundennah und Schritt für Schritt

Eine weitere Ebene, die ein grandioses Controlling-Instrument für die Marschrichtung eines Unternehmens sein kann, sind die bereits angesprochenen »Minimum Viable Products« (MVP), also die minimal funktionsfähigen Varianten eines Produkts, einer Dienstleistung oder eines Service. Man kann diese frühzeitige und in Iterationen an den Kunden beziehungsweise in die Öffentlichkeit getragene Vermarktung für Produkte und Dienstleistungen nutzen. Als MVP kann man aber ebenso die Testversionen einer Webseite begreifen, erste Banner- und Retargeting-Kampagnen oder Newsletter und vieles mehr – wer digital denkt, versteht das.

Die sture Trennung zwischen Marketing, Vertrieb, Produkt und Kunde ist hinfällig. Unternehmen können beispielsweise mit einem überzeugenden Whitepaper alle vier Aspekte vereinen und bestehenden wie auch potenziellen Kunden einen relevanten Mehrwert bieten, der sie zur erneuten Kontaktaufnahme einlädt, zum Kauf anderer Produkte führt oder eine Weiterempfehlung zur Folge hat. Das alles kann ein Teil der Produktstrategie sein, ein Teil der Geschäftsidee – und somit nicht minder essenziell als das eigentliche, ursprüngliche Produkt. Wenn es in Richtung Service, Richtung Kunde gehen soll, ist es unerlässlich, dies anzuerkennen. Laufen solche Dinge unter »nice to have«, werden sie entweder unterschätzt und hintangestellt oder schnell, aber schlecht umgesetzt. Dabei kann jeder Test auf den Webseiten zu einem kleinen Schritt Richtung Kunde werden, Richtung Wandel und Innovation. Wer es gewohnt ist, konstant Änderungen einzuführen und sie in der Öffentlichkeit zu testen, ist schon mittendrin in der neuen Unternehmenskultur, die Fehler erlaubt, mutig ist und mehr öffentlich macht als heimlich plant.

Testen, testen und wieder testen

Im mittelständischen Leben kann demnach beim Maschinenbauer nach den Webseiten der Konfigurator auf die MVP-Liste kommen: Nicht jahrelang planen und konzipieren, sondern die erste zumutbare Version nach außen tragen und nach Feedback fragen. Was früher undenkbar und geradezu als Frechheit galt, deutet heute auf gelungene Kundenkommunikation hin. Durch die Chance, diese Version zu testen, können Kunden ihre Erwartungen und Bedürfnisse klarer definieren – und mitreden, sich aktiv in Entwicklungen einbringen. Was für sie Relevanz hat, ist die Kommunikation auf Augenhöhe – und genau das kann cleveres Online-Marketing erreichen. Dann geht es nicht um unidirektionale Werbung, die der Kunde schlicht schlucken muss, sondern um die konkrete Frage nach seinen Vorstellungen.

Ein Klebstoffhersteller beispielsweise kann überzeugt davon sein, seinen Platz inklusiver Nischen auf dem Markt ausgeschöpft zu haben. Denkt er jedoch digital und wagt den Sprung in unbekannte Gewässer, so muss er dies nicht direkt mit einer neuen und voll ausgeklügelten Produktlinie tun, sondern mit kleinen Werbeanzeigen auf Suchbegriffen, die zunächst nicht auf eine Verbindung hinweisen, wie »Schweißen«. In der

Anzeige platziert er kurz und konkret seine Idee, »Kleben statt schweißen« und fügt die relevanten Informationen hinzu. Dann lässt er die Controlling-Mechanismen laufen: Klickt jeder Zweite, der nach »Schweißen« sucht, auf seine Anzeige, verweilt längere Zeit auf seinen Seiten und sucht direkt den Kontakt, hat er offensichtlich den Bedarf seiner neuen Zielgruppe ideal erkannt. Läuft es schleppender an, ändert er einfach Anzeige, Suchbegriffe oder Webseiteninhalte und versucht es erneut. Selbst wenn er für jeden Klick auf seine Anzeige eine hohe Summe zahlen muss, kann er dies praktisch nach jedem Klick stoppen – oder es genießen, wenn jeder Klick zu einem Abschluss führt und die Kosten dadurch beinahe sofort wieder gedeckt sind. Mehr als gedeckt natürlich.

Das MVP muss also nicht als klassischer Prototyp oder großer Schritt mit großen Kosten verstanden werden, an den ein Unternehmen sich zunächst nicht heranwagt. Wenn es beispielsweise um die Internationalisierung geht, waren früher hohe Investitionen und lange Planung nötig, heute sieht das ganz anders aus, denn jetzt und digital lässt sich das zunächst durchaus »mal eben« starten, wie in Kapitel 3.6 (»Digital zum Global Player werden – von heute auf morgen«) bereits beschrieben.

Crowdfunding – andere investieren, wenn es sich lohnt

Ähnlich funktionieren Crowdfunding-Konzepte: Man nimmt eine Idee, für die man zunächst kein Budget hat – und zeigt sie der Öffentlichkeit. Ein Türgriff, der mit einem Fingerabdruck-Scanner noch sicherer gemacht wird, mag beispielsweise eine gute Idee sein – ob die Händler diese annehmen, ist damit noch lange nicht sicher. Also publiziert der Hersteller ein Video mit einem ersten – vielleicht nur virtuellen – Prototypen, um das Prinzip zu erläutern, die Resonanz zu testen und mögliche Geldgeber zu erkennen.

Reagiert niemand, waren die im Vergleich zur aufwendigen

klassischen Produktentwicklung geringen Kosten für das Video kein aus dem Fenster geworfenes Geld. Denn es heißt ja: Digital denken! Es ist eine höchst wertvolle Erkenntnis, dass die Produktidee in ihrer vorliegenden Form nicht ankommt. Nun gilt es, weiter zu eruieren, woran es liegt. Preis-Leistung, Wettbewerbsprodukte, Ansprache oder Ansprechpartner. Zumindest für das nächste Produkt können wichtige Anhaltspunkte gewonnen werden. Solche Strukturen sind im B2B-Bereich noch relativ selten, dies bedeutet jedoch nicht, dass sie nicht gewünscht oder effektiv sind.

Starre Analysen – oft nicht nötig

Ein weiterer effektiver, wenn auch hochkomplexer Controlling-Mechanismus sind die sogenannten Attributionsmodelle, die mit Analysen großer Datenmengen zu Touchpoints und Kundenverhalten zu errechnen versuchen, welche Maßnahmen wann, wo und wie besonders wirkungsvoll waren. Diese Modelle werden jedoch oft zu statisch angewendet und einseitig analysiert. Besser sind heute Tests, MVP und andere clevere Online-Methoden. Das Problem der Attributionsmodelle war die anfängliche Fehlannahme, dass Unternehmen und vor allem ihre potenziellen Kunden sich vornehmlich auf die Suche beschränken, auf bestimmte, »nischige« Keywords aus einer speziellen technischen Welt, in der jeder dieselbe Sprache spricht.

Der Kunde aber ist nicht so einfach gestrickt, schon gar nicht im B2B-Bereich – er ist ja noch nicht mal eine Person, wie wir bereits wissen. Es entstehen diverse Blickwinkel und Nutzungen der (Fach-)Begriffe, wenn Azubi, Vertrieb, Einkauf oder Geschäftsführung suchen. Es werden unterschiedliche Kanäle verwendet, mehrere Communitys, Blogs, Foren aufgesucht, auf verschiedene Ansprachen, Touchpoints und Angebote reagiert. Die einen starten mobil und generisch in irgendwelchen Communitys, die anderen spezifisch bei großen Herstellern, die dritten allgemein auf Messeseiten, die vierten konkret in Suchmaschinen. Die Reise und das Verhalten der Kunden ist vielschichtig und sollte entsprechend analysiert werden, um den Weg stetig zu verbessern – denn die große Frage lautet: »Wie kann ich die Kunden glücklicher machen, ihnen helfen, ihnen Lösungen bieten?« Mit einer guten Platzierung bei Suchanfragen ist es also noch lange nicht getan. Weitere Serviceleistungen neben dem Produkt können die entscheidenden Features sein, um Kunden zu gewinnen und zu binden. Wenn diese beispielsweise ISO-Zertifizierungen brauchen, aber nicht wissen, was das genau heißt, kann man hier konkrete Hilfe anbieten. Jeder Kunde – ob Azubi, Assistent oder Geschäftsführer – wird dankbar sein, wenn er schnell und übersichtlich alles erhält, was er benötigt, angefangen mit den relevanten Informationen.

5.3 Die neue Budgetfrage – jede Sekunde handhabbar

Nun sind Sie wahrscheinlich überzeugt, dass digitales Denken erfolgversprechend ist – und dennoch hadern viele. Warum? Es ist meist das schnöde Geld, welches den keimenden Mut zur Zukunft übertrumpft: »Wir haben dafür kein Budget!« Ein Beispiel für »ungeschickt ausgegebenes« Budget mag unterstreichen, wo im Zweifel das Geld ist, welches für Online-Marketing angeblich fehlt.

Ein Hersteller technischer Federn mit einem Jahresumsatz von circa 66 Millionen Euro gibt Jahr um Jahr eine Million Euro und somit 1,5 Prozent seines Umsatzes für sein Marketing aus. Allein bei dieser Summe horcht jeder Verfechter des Online-Marketings auf, schließlich rechnet sich dieses als Investition konkret und proportional in den Umsatz und die Marge: Wenn man mehr investiert, erhält man auch mehr – was schlicht an der Effizienz sowie den Kontroll- und Modifikationsmöglichkeiten der digitalen Methoden liegt. In diesem Fall jedoch ist es geradezu eine Erleichterung, dass das Unternehmen so wenig in sein Marketing steckt – denn es ist zum großen Teil verbranntes Geld.

Allein 40 Prozent, also 400.000 Euro, fließen in diesem Beispiel in Messeauftritte, die kaum jemand mit dem Return on Invest abgleicht. Hinzu kommen circa 200.000 Euro für Printerzeugnisse wie Flyer, Visitenkarten und Broschüren sowie 150.000 Euro für analoge Anzeigen in Magazinen et cetera. Es folgt die Unterstützung des lokalen Fußballvereins mit einer jährlichen Summe von 50.000 Euro und knappe 100.000 Euro für Mitarbeitertage, Werbegeschenke und Ähnliches. Richtig, das ist beinahe schon die genannte Million.

Und in der Tat fühlt das Unternehmen sich befähigt, 10.000 Euro in Online-Aktivitäten zu stecken. Die Zufriedenheit hält sich in etwa den gleichen Grenzen, was natürlich nicht allzu verwunderlich ist. Verwunderlich ist allerdings, warum bei diesen 10.000 Euro und somit einem Prozent des Marketingbudgets so genau hingeschaut und so laut gemotzt wird, während die anderen 99 Prozent mehr oder weniger unkontrolliert und jedes Jahr aufs Neue in den Sand gesetzt werden. Hier sollte jemand ganz dringend die Frage stellen: Was bringen diese Maßnahmen und das investierte Geld dem Unternehmen?

Auf den ersten Blick ist es fast Null, auf den zweiten sind es randvolle Prospektlager, enorm teure Bestandskundenpflege am Messestand, mit der man einem Teil seiner Zielgruppe ein bisschen den Bauch pinselt, und ein Hauch Lokalkolorit, der zumindest im B2B-Geschäft selten zu etwas führt, weder beim Branding geschweige denn anderweitig und kontrollierbar. Unterm Strich also mehr als ineffizient. Es ist nicht viel mehr als klassisches Ego-Bingo des Geschäftsführers: genüsslich Kaffeetrinken mit Messekunden, sehen und gesehen werden, ein wenig Großzügigkeit auf dem Fußballplatz.

Return on Marketing Investment? Gibt es also Gewinn aus

den Marketingkosten? Wie steht es um das Verhältnis zwischen eingesetztem Investment und erzieltem Gewinn? Stimmt die Rendite? Man schätzt schon, das Gefühl sagt ja, aber meist weiß es niemand so wirklich. Dennoch meist gibt es Mitarbeiter in Marketingabteilungen, die durchaus wahrnehmen, dass Geld verpulvert wird. Und die wissen, dass dies dazu führt, dass im Vertrieb noch mehr Geld investiert werden muss, allein weil redundante und stupide Arbeiten und Aufgaben dort analog und aufwendig vorgenommen werden, statt sie effizient und automatisiert zu organisieren. Möchte die Führung nichts ändern, wird weder die Marketingabteilung noch ein einzelner Mitarbeiter die Gefahr eingehen, sich aus dem Fenster zu lehnen.

Ohne Rückendeckung von höherer Instanz ist das Risiko in der Tat hoch. Da ist es fast gleichgültig, wie viel Geld im ersten Versuch ohne großen Erfolg investiert wird: Es wird ein Versagen sein, kein Fehler, aus dem man – als Führung und als Unternehmen – wird lernen wollen. Wie bei dem Technische-Federn-Hersteller geht die Führung in solchen Fällen meist davon aus, dass die alte Marketingstrategie eine bewährte ist und die Ursache für den bislang eingefahrenen Erfolg – immerhin ist das Unternehmen nicht im Sinkflug. Doch dass hier eine Korrelation besteht, wird nur emotional und subjektiv angenommen, hinterfragt wird es nicht.

Hat das Unternehmen trotz allem mutige Leute, die sich im Marketing aus der analogen Ecke bewegen möchten, wird oftmals ein aufgestocktes Budget als Testballon freigegeben. Bei den kleinen Summen, die bislang zur Verfügung standen, bleibt aber selbst eine Verdopplung irrelevant. In manchen Nischenbereichen lässt sich daraus etwas machen, meist jedoch sind 10.000 oder 20.000 Euro zu wenig, um die Anfangsschwierigkeiten in den Griff zu bekommen und die ersten Erfolge zu erzielen – inklusive echtem Return on Invest.

Und selbst wenn es zunächst gut anläuft, demoralisieren Management und Mitarbeiter die Taktik. Schließlich sehen sie nicht so eindeutig und unaufwendig, was mit dem Geld passiert, wie sie es mit dem Prospekt können, das vor ihnen auf dem Tisch liegt, oder bei dem Messestand, den sie selbst bespielen, anfassen und bestaunen können. Diese nicht digital denkenden Entscheider und Beeinflusser kommen allerdings selten auf die Idee, das eigene Unternehmen mal zu googeln, um zu sehen, was dort passiert. Dort, wo eben nicht nur drei Tage im Jahr der Messestand zu bestaunen ist, wenn man sich die Mühe macht, hinzufahren – sondern dort, wo tagtäglich, 365 Tage im Jahr und rund um die Uhr Messe ist. Wo sich mittlerweile so gut wie alle tummeln, frei bewegen, und eine immer gigantischere Auswahl haben.

Wenn man denn will, seine Seiten entsprechend aufbaut, die Inhalte gestaltet, kann man diese Messe wesentlich effizienter bespielen. Dann darf aber nicht gelten: 200.000 Euro für drei Tage, aber 20.000 für einen permanenten Auftritt. Entsprechend mies sehen diese »Auftritte« leider meist aus, und entsprechend gering sind ihre Erfolge. Erschreckender ist allerdings die nicht nachvollziehbare Logik: Wieso gibt man sich auf der Messe für nur wenige Tage so viel und so kostspielige Mühe? Und wieso nicht dort, wo jederzeit der richtige Kunde auftauchen kann – wo er zudem hingelotst werden könnte? Wo das eingesetzte Geld mit wesentlich höherer Wahrscheinlichkeit performt? Es geht schließlich nicht um Branding, um Maßnahmen, die über lange Zeit hinweg eher kaum messbar wirken und weder auf schnellen Gewinn noch konkret auf Neukunden zielen. Wenn Unternehmer allerdings genau das suchen, sind sie auf Messen goldrichtig.

Selten werden dort der konstante Einsatz oder die Wiederholungen so stark kritisiert wie beim Online-Marketing: Wenn das alles doch so effizient ist, wieso reicht dann nicht eine Kampagne oder eine Anzeige? Grundsätzlich ist das noch nicht mal falsch, denn Performance-Marketing bedarf keiner reinen Wiederholungen. Der B2B-Bereich und der B2B-Kunde sind aber nicht linear, es bestehen diverse Meinungen, es gibt mehrere Mitarbeiter und Entscheider, die man abholen muss, unterschiedliche Zielgruppen aus unterschiedlichen Branchen et cetera. Hier vollständig auf Wiederholungen und Variationen zu verzichten, zahlt sich nicht aus.

Dennoch ist das Ziel dieser Iterationen nicht, Zusammenhänge zu visualisieren und die Marke bekannter zu machen, sondern so spitz und zielgenau wie möglich potenzielle Kunden zu erreichen. Wenn ein Unternehmen dafür vier Mitarbeiter mit vier Wissensständen überzeugen muss oder viele kleine Zielgruppen mit unterschiedlichen Suchbegriffen, sind diese Wiederholungen so klug wie wertvoll. Zudem können sie Zielgruppen gewinnen, die von ihrem Bedarf noch gar nichts wissen, weil sie diese Lösung für ihr Problem noch nicht angedacht hatten. Auch in solchen Fällen lohnen sich wiederholte Hinweise auf Produkt oder Dienstleistung. Beim breits genannten Retargeting spielen diese Aspekte eine ebenso entscheidende Rolle, doch auch hier sind es nicht triviale und lästige Wiederholungen, sondern strategisch durchdachte Maßnahmen.

CPA – minutiös bezahlen, minutiös nachjustieren

»Cost per Action« (CPA) klingt als Rechenmodell zunächst recht abstrakt, obwohl es besonders im Vergleich zu den traditionellen sehr konkret ist, etwa bei Printanzeigen, wo es um Reichweite, Streuverluste und Zielgruppenkontakte geht. Einem Unternehmer, der noch immer viel Geld in analoge Marketingmethoden steckt, fällt es schwer, Klickpreise in den Fokus seiner Berechnungen zu stellen: Banner beispielsweise werden in 1.000er-Klicks berechnet und haben somit ein anderes Kostenmodell als »TrueViews« bei YouTube. Diese werden erst nach bestimmter Laufzeiten, der vollständigen Ansicht oder einer Handlung, zum Beispiel Klicks, als tatsächliche Zuschauer abgerechnet, und zudem anders als die Klicks auf Anzeigen. Hinzu kommt, dass jede Bannerwerbung, jede Platzierung, jeder Suchbegriff einen anderen Klick- oder 1.000er-Kontaktpreis hat. Doch selbst das ist nicht entscheidend – denn wesentlich wichtiger ist, welchen Return man erhält und wie dieser in Relation zu den Investitionen steht. Aussagen wie »1 Euro pro Klick ist zu teuer« sind deshalb unsinnig: Wenn ein Unternehmen beispielsweise Klicks für 50 Cent kauft und 100 bis 200 von diesen benötigt, um an einen Abschluss zu kommen, kostet der Neukunde 50 bis 100 Euro. Kauft es hingegen Klicks für 1 Euro und gewinnt auf 20 Besucher einen Kunden, liegt die Investitionssumme bei 20 Euro.

Wer dieses Prinzip verstanden hat, kann seinen »Mut« – der genau genommen gesunder Menschenverstand ist – zusammennehmen und auch für 30 Euro pro Klick einsteigen, wenn er dadurch bei jedem zehnten einen Kunden generiert. Selbst wenn es um 90 Euro geht, das Unternehmen aber bei jedem zweiten Klick ein Geschäft macht, kommt es preiswerter und effizienter weiter, als wenn es 10-Cent-Suchbegriffe »testet« und viele Daten schafft, von denen die meisten nichts anderes als Streuverluste darstellen. Diese Zahlen können hier nur als Denk- und Rechenexempel dienen – es gibt durchaus Branchen, in denen sich mit einer CPA von 1 oder 2 Euro sehr gut arbeiten lässt.

Was funktioniert, wird bezahlt – was nicht, wird korrigiert

Die Konversionsrate ist somit die einzig entscheidende Größe: Wie hoch ist die Abschlussrate, der Deckungsbeitrag, die Marge? Was kostet eine Anfrage, ein Lead, ein Neukunde? Das muss jedes Unternehmen in jeder Branche für sich durchrechnen: Bei kleinteiligen Produkten für einstellige Verkaufssummen, die sich in hoher Stückzahl häufig wiederholen, ist die Ausgangslage eine andere als bei langlebigen Großmaschinen für eine halbe Million Euro als Stückpreis.

Ist die Entscheidung also gefallen, sich auf das Abenteuer

Online-Marketing einzulassen und eine Agentur damit zu beauftragen, sollte die Konversionsrate der relevante Ausgangspunkt
sein. Doch damit nicht genug, sie muss zudem die Referenz-
größe für die Investitionen sein. Zu oft finden sich Unternehmer,
die genau wissen, dass ein Kunde in der eigenen Branche und für
die eigenen Produkte circa 5.000 Euro kostet – und ihrer Agentur dennoch nur 2.000 Euro auf den Tisch legen. Selbst wenn
es der Agentur 5.000 Euro zugesteht: Diese Online-Kampagne
sollte nicht nur für einen Neukunden betrieben werden, sondern
möglichst langfristig und nachhaltig für drei, fünf oder zehn.

Natürlich muss jedes Unternehmen die freizugebende Summe
von seinen aktuellen Investitionsmöglichkeiten, seiner Stabilität
und seinen Sicherheiten abhängig machen. Wenn es allerdings
bei der Summe für einen Neukunden bleibt, weil der Messestand
schon geplant ist und auch eine Werbebroschüre dafür »dringend« benötigt wird, sollte errechnet und kontrolliert werden,
wie viel die auf der Messe gewonnenen Neukunden gekostet
haben – falls es sie überhaupt gibt. Wenn man ehrlich rechnet,
sollte das dazu führen, das Geld für die Online-Kampagne aufzu-
stocken, den Messeauftritt zurückzufahren oder gar ganz darauf
zu verzichten – und Marketingstrategie sowie -budget generell
zu überdenken.

Wichtig hierbei ist nicht die konkrete, gar fixe Summe, sondern das Budget muss zu einer per se variablen Größe werden.
Das funktioniert nur, wenn digitales Denken einsetzt und das
Ziel im Vordergrund steht. Benötigt man Neukunden, die Maschinen für 200.000 Euro kaufen, zudem mit Service, Wartung et
cetera wiederkehrende Einkäufe von jährlich 50.000 Euro tätigen
und der Gewinn auf fünf Jahre betrachtet bei 50.000 Euro liegt,
setzt der digitalisierte Unternehmer diese letzte Zahl als Start-
punkt: Wie teuer darf dieser Kunde in der Akquise sein? Und wie
viele will das Unternehmen jährlich akquirieren?

Der Wert eines Kunden für ein Unternehmen über seinen gesamten Lebenszyklus (»Customer-Lifetime-Value«) darf dabei

nicht außer Acht bleiben, schließlich ist der gerade im B2B-Bereich ein entscheidender Faktor: Sind die Kunden zufrieden, suchen sie durchaus eine langfristige Beziehung. Stimmen Qualität und Service, Kommunikation, Abwicklung und auch die Innovationskraft, darf mit diesem Kunden durchaus über einen längeren Zeitraum gerechnet werden. Dass man diesen beispielsweise mit cleveren und hilfreichen Service-Tools verlängern kann, ist bekannt. Es ergibt also im B2B- im Gegensatz zum B2C-Bereich selten Sinn, nur einen Kauf zu berücksichtigen, wenn es um den Customer-Lifetime-Value geht, selbst wenn große und teure Investitionsgüter im Fokus stehen.

Sollten Unternehmen allerdings feststellen, dass dem dennoch so ist, deutet dies auf fehlendes Involvement der Kunden hin: Sie nehmen keinen Anteil an dem Unternehmen mit seinen Produkten und Entwicklungen, sind nicht beteiligt. Vielleicht gibt es keine Entwicklungen und keine oder zu wenige Touchpoints, also keine Möglichkeiten zu bidirektionaler Kommunikation und Input – kurz: kein digitales Denken.

Investieren, wie es euch gefällt – und Gewinn bringt

Unternehmen können gemäß ihrer strategischen Ausrichtung entscheiden, wie aggressiv sie in den Markt investieren. Die einen können erfolgreich sein, indem sie zunächst den vollen Gewinn setzen und ihren Kundenstamm vergrößern, die anderen, indem sie langsam einsteigen, Gewinne in einem geringem Maß direkt wieder einsetzen und sich insgesamt eher vorsichtig heranwagen. Hierbei gilt aber auch: Wenn Unternehmen mit dieser vorsichtigen Methode erfolgreich sein sollen, dürfen sie weder unterhalb der benötigten »Costs per Acquisition« (Akquisekosten) ansetzen noch stur an irgendeiner Summe festhalten. Halten sie diesen Weg die erste Zeit durch, werden sie belohnt und können aus diesen Erfahrungen heraus die nächsten Schritte gehen, ob iterativ, innovativ oder beides.

Wie auch immer dieser Einsatz aussehen mag, er muss nun nicht direkt in die Hand genommen werden – und muss noch nicht mal fix bleiben. Mit den ersten Schritten lässt sich vorsichtig experimentieren, lassen sich Strategien und Methoden testen – zu überschaubaren Kosten. Stellt sich der Erfolg dann ein, wird Geld aufseiten des Vertriebs, des analogen Marketings oder anderswo eingespart, lässt sich weiter justieren, optimieren, investieren, und zwar bei der Umsetzung wie bei der Strategie. Fragt etwa ein Teil der neuen Kundengruppe häufig nach Zusatzinformationen, lässt sich ein Whitepaper oder anderer Free Content erstellen, der Vertrauen schafft und zu noch mehr Reichweite führt. Wird verstärkt nach einer Zusatzfunktion verlangt, greift man dies auf und nutzt es im Marketingprozess als »Lockstoff«.

Gerade im B2B-Bereich sind gewisse Zielgruppen nicht unendlich skalierbar und die einzelnen Nischen nicht dehnbar. Das heißt zum einen, dass es nicht immer sinnvoll ist, mehr und mehr Geld in eine Strategie zu stecken. Sie mag durchaus nur bis zu einem gewissen Grad funktionieren, also geht es danach anders weiter – und die Möglichkeiten sind auch hier so zahlreich wie individuell auf spezielle Zielgruppen anwendbar. Ob es neue Produkte oder Seiten sind, neuer Service oder Content, Branding, Kooperationen: Dank der Kontrollmechanismen lässt sich sehr genau arbeiten, feinporig beobachten, minutiös nachjustieren. Das mag zunächst nach viel Aufwand klingen – und das ist es auch. Doch nochmals: Wenn es sich zum Schluss lohnt und das Ziel – Neukunden akquirieren, Bestandskunden binden, Produktneuheit promoten oder anderes – mit dem geplanten, erwarteten, benötigten Gewinn erreicht wurde, spielt das keine große Rolle.

Ein einfaches Rechenexempel

Die Möglichkeiten des Controllings im Online-Marketing erlauben genau das: Mit verlässlichen Zahlen gezielt handeln, um Kunden direkter zu erreichen und zu gewinnen. Dadurch lässt sich das eingesetzte Budget anders errechnen und unmittelbar mit dem Gewinn koppeln. Machen wir es konkret und betrachten, wie viel Werbeetat 2015 einer neuen Produktlinie zur Verfügung stand: Im Schnitt belief diese Summe sich auf 1,42 Prozent des Umsatzes. Das klingt zunächst nach verhältnismäßig wenig. 1,42 Prozent können bei einem Hidden Champion im Mittelstand mit 365 Millionen Euro Umsatz jedoch schon 3 bis 5 Millionen Euro sein. Damit lässt sich etwas anstellen – und für eine Online-Strategie muss es ja noch nicht einmal genau diese Summe sein. Was aber eigentlich auch nicht sein muss: dass 39 Prozent dieses Marketingbudgets 2015 noch immer in den Messeauftritt purzelten. Obendrauf kamen durchaus notwendige Gelder für Produktdesign und Verpackung, aber auch für gedruckte Kataloge und weitere »Materialien«, die unveränderlich und oftmals schnell veraltet sind. Ein großer Teil des Budgets ist damit vergeben, die Zielgruppe aber noch lange nicht erreicht. War da nicht noch etwas? Richtig, für Online-Marketing wurden circa 5 Prozent bereitgestellt. Digitalaffinen Marketingmitarbeitern erscheint dies grotesk, doch es zeigt, dass alte und vertraute Strukturen mehr als hartnäckig sind.

Besserung ist in Sicht: Diese 5 Prozent waren vor drei Jahren der Schnitt, für 2018 kann davon ausgegangen werden, dass durchschnittlich bis zu 15 Prozent des Werbeetats in diese Kanäle fließen. Aus der Perspektive von Online-Marketingstrategen dürften es allerdings gut und gerne 50 Prozent sein, dann wäre eine starke Effizienz gegeben. Wie gesagt, niemand besteht darauf, Marketing nur noch online zu betreiben – optimalerweise würden die anderen Kanäle sich jedoch ebenso Modifikationen unterziehen.

Die gute alte Messe etwa würde nicht vollständig ersetzt, sie
würde jedoch strategisch und realistisch kalkuliert, ihre Vorteile
und Wirkungsweise definiert und entsprechend ihren Möglichkeiten eingesetzt – vornehmlich als Branding-Maßnahme. Parallel sollte auf der analogen Schiene über ein wirksames Live-
Event nachgedacht werden. Dieses schafft Emotionen, erregt
Aufmerksamkeit – und lässt sich auch digital gewinnbringend
nutzen. Klassische Werbung wie Printanzeigen in Magazinen
sollte hingegen vernachlässigt werden, denn hier gibt es zu wenige Verbindungen mit anderen Kanälen, zu wenig Controlling-
Möglichkeiten, zu wenig Interaktionschancen für die Kunden.
Selbst wenn ein Unternehmen mit einer Printanzeige eine gewisse Anzahl an Kunden erreicht, der Streuverlust – beispielsweise über Leser ohne Entscheidungsgewalt oder über mangelnde Leser – und die Kosten stehen in keinem Verhältnis zu
den Vorteilen, die andere Kanäle aufweisen und garantiert die
gleiche Zahl an Leads bringen.

Wird das Budget endlich bewusster, gezielter und gewinnbringender eingesetzt, lässt sich über weitere Kanäle nachdenken: Fernsehwerbung ist bislang für viele Mittelständler nicht
interessant, die Kosten schlicht zu immens und die Zielgruppe
ähnlich den Zeitschriftenlesern nicht eindeutig zu bestimmen.
Interessant könnte dieser Kanal allerdings wieder werden, wenn
die Technik es erlaubt, IP-Adressen der Fernsehgeräte zu nutzen, um Werbung zu individualisieren. Aktuell wird für alle Zuschauer die gleiche Werbung abgespielt, da diese als mehr oder
weniger homogen angesehen werden, schließlich sehen alle zur
gleichen Zeit auf dem gleichen Sender eine Dokumentation
oder einen Thriller. Über die Streuverluste müssen wir nicht
sprechen, und die Auswahlkriterien sind grundsätzlich auf Endkunden fokussiert, nicht auf den B2B-Bereich.

Dennoch, Einkäufer, Entscheider, Influencer, Geschäftsführer
und Unternehmer sehen auch fern. Ließen sich also beispielsweise Smartphones und Fernsehgeräte eindeutig identifizieren und

einem Zuschauer zuordnen, könnten auch Unternehmen im B2B-Bereich Fernsehwerbung nutzen: In Analogie zu Anzeigen, welche Nutzer online auf anderen Webseiten mit verwandtem Inhalt oder gemäß ihren Suchbegriffen angezeigt bekommen, könnten sie diese nun auch in der Werbepause auf Pro7 oder im ZDF sehen. Das mag zunächst Zukunftsmusik sein, doch bekanntlich kommt sie schneller, als so manchem lieb ist.

Dass vertraute Kanäle so nutzbar gemacht werden können, stimmt die vorsichtigen unter den Mittelständlern jedoch vielleicht mild – wenn nicht, sollten es Controlling und Budgetierung tun: In der digitalen Welt wird Fernsehwerbung plötzlich erschwinglich, weil sie nicht mehr willkürlich an das gesamte und meist genervte Publikum gesendet wird, sondern ganz gezielt die eigene Kundengruppe erreicht. Der Werbende zahlt also pro Ausstrahlung an die richtige Person, nicht für den Streuverlust, der bislang entsteht und Unsummen kostet. Die Produktionskosten wären noch immer vorhanden, die Ausstrahlungskosten würden allerdings minimiert – sie wären vor allem endlich kontrollierbar und direkt an den Erfolg der Anzeige geknüpft: hundertmal ausgestrahlt ohne jegliche Bewegung auf Webseiten oder anderen Touchpoints? Dann heißt es: Veröffentlichungsstopp und erneute Analyse der Zielgruppe.

Customer-Lifetime-Value – weil der Kunde mehr wert ist als einen Einkauf

Die konkrete Rechnung muss jedes Unternehmen für sich und seine individuellen Bedingungen in seiner Branche erstellen. Wie? Mit dem Customer-Lifetime-Value, den es zu bestimmen gilt: Welchen Wert haben unsere Kunden? Was kosten uns Neu- und Bestandskunden, wie lange bleiben sie, wie viel kaufen sie, welchen Mehrwert haben sie?

Verkauft ein Unternehmen beispielsweise Stanzteile, so dreht sich die Kalkulation um hohe Transaktionsvolumina und regelmäßige Käufe. Geht es um teure und komplexe Maschinen, die der Kunde nur alle fünfundzwanzig Jahre benötigt, sieht das Ganze anders aus. Abgesehen davon, dass das Geschäftsmodell dieses Unternehmens sich dringend ändern sollte und Dienstleistungen und Service ins Portfolio aufgenommen werden müssten, wirken hierbei natürlich andere Kräfte.

Sind die CPAs ermittelt, können die Marketingmöglichkeiten entsprechend umgesetzt werden. Kostet eine Kampagne auf LinkedIn 10.000 Euro, während die Deckungskosten bei 5.000 Euro liegen, ist diese Maßnahme offensichtlich nicht die richtige. Liegt die Deckung bei 500.000 Euro – sollten die 10.000 Euro in Relation dazu gesehen werden und nicht als kontextlose Zahl, die mehr als x Prozent des Budgets ausmacht.

Finanzieren lässt sich das problemlos – wenn man weiß, was ein Kunde kostet und einbringt. Dieser Überblick über die Deckungsbeiträge der Kunden in ihrer aktiven Kundenphase ist keine Zauberei: Der Customer-Lifetime-Value bietet genau das. Jedes Unternehmen sollte seine Kunden betriebswirtschaftlich so erfassen, dass es mit ihnen präzise planen kann und weiß, wie viel sie ihm wirklich bringen. Besonders im B2B-Bereich ist das essenziell, da hier die Transaktionsvolumina deutlich höher sind – und die Lebensdauer einer Kundenbeziehung länger. Davon reden die klassischen Unternehmer doch so gerne: Vertrauensverhältnisse und langjährige Zufriedenheit.

Es sind genau diese Größen, die gesichert werden können, wenn Maßnahmen an ihnen ausgerichtet sind und der Erfolg entsprechend kontrolliert wird. Dass das Geld kostet – vor allem Geld, das man erst einmal bereitstellen muss –, bremst viele und ist nicht zwangsläufig korrekt: Solange man weniger ausgibt als man einnimmt, geht die Rechnung auf. Kostet der Kunde das Unternehmen aber 5 Euro und bringt nur 3 Euro ein, hat man die falsche Strategie gewählt. Auf den ersten Blick keine nennenswerte Summe, ist dieser Cost-per-Acquisition-Wert dennoch ein negativer und damit nicht tragbar. Kostet der Kunde 500 Euro, bringt aber 20.000 Euro ein und zudem beispielsweise starke Weiterempfehlungen, die zu Leads führen, müssen diese 500 Euro wirtschaftlich denkenden Menschen als gute Investition ins Auge springen.

6 Unternehmer denken digital – und nutzen Experten für die Umsetzung

Bei der Umsetzung haben Unternehmen die Qual der Wahl. Aus dieser lässt sich allerdings ein grandioser Vorteil machen, wenn man offen, flexibel und mutig bleibt. Gleichzeitig bleiben bei strategischer Vorgehensweise mit Weitblick und Fokus so viele Möglichkeiten, welche die Umsetzung erschweren, nicht mehr übrig. Denn nicht jede Methode, nicht jeder Weg passt zu jedem Unternehmen und – viel wichtiger – zu den Zielgruppen, Bestands- und Neukunden.

Um das herauszufinden, muss man sich jedoch intensiv mit diesen auseinandersetzen – ebenso mit den Abläufen, Funktionen und konkreten Umsetzungen des Online-Marketings. Dafür braucht es zwingend einiges an Expertise. Mal eben selbst machen gilt nicht: Eine Fachperson sollte dringend ins Team geholt und vor allem konstant weitergebildet werdet, sonst ist sie – und damit das Unternehmen – nach kürzester Zeit wieder abgehängt. Erschwerend kommt hinzu, dass eine Person allein nicht alle Methoden, Werkzeuge und Strategien als Experte beherrschen kann, dazu ist das Ganze zu komplex. Sie kann aber den Überblick bewahren, strategisch lenken – und externe, professionelle Dienstleister umsetzen lassen.

6.1 Wie Unternehmen an echtes Marketing-Know-how kommen

Online-Marketing ist ein weiteres Feld, und sehr oft mangelt es an der Erkenntnis, dass gutes Marketing Spezialisten benötigt, wenn es um die Umsetzung geht. Bei kleineren Mittelständlern ist es auf den ersten Blick nachvollziehbar, dass Kapazitäten für das neue Marketing fehlen, ob in Form von Budget oder Arbeitskraft.

In vielen Fällen ist sogar der Unternehmer selbst seine eigene Marketingabteilung, dann natürlich prinzipiell immer unter Zeitdruck, stets mit anderen Dingen beschäftigt, im Vertrieb, beim Personal. Da bleibt kaum Zeit, über nachhaltige, strategische Marketingmaßnahmen nachzudenken, geschweige denn, sich die nötigen Skills anzueignen. Dabei kann der Chef seine Zielgruppe perfekt kennen, ihre Wege, Ziele, Erwartungen und Nöte. Er kann damit sehr gut strategisch planen, wann er sie wo, mit welchen Inhalten und in welcher Form abholen und zufriedenstellen kann. Damit weiß er schon sehr viel, wesentlich mehr als viele andere, die es noch immer nicht geschafft haben, die Kundenperspektive einzunehmen.

Dennoch braucht auch der Unternehmer aktuelles und komplexes Wissen und Erfahrung bei der Umsetzung und Justierung der einzelnen Aktionen. Die kann er sich kaum auf die Schnelle aneignen, zudem ändern sich die Spielregeln wie auch die Methoden und zugrundeliegenden Mechanismen so rasant, dass er aus den Fortbildungen gar nicht mehr herauskäme. Das sollte er sich ersparen, das ist schließlich auch nicht seine Aufgabe. Was es von seiner Seite braucht, ist die Einsicht, dass erstens er nicht alles leisten kann, zweitens Online-Marketing seinem Unternehmen sehr dienlich sein wird und drittens die Investitionen überschaubar sind, zumal er sich an vielen anderen Stellen über Einsparungen freuen kann. Allein der Vertriebsmitarbeiter, der endlich effizient eingesetzt werden kann, ist schon Gold wert, doch selbst das automatisierte Konvertieren der Inhalte des Online-Shops oder der Webseiten zu Online-Katalogen spart Kosten und Zeit bei Design und Druck.

Anstatt sich also selbst am SEO zu versuchen, den Online-Shop eigenständig zu gestalten und noch schnell einen Werbetext für das neue Produkt hinzukritzeln, wäre es viel klüger, wenn es Marketingverantwortliche gäbe – und diese versuchten, ein strategisches Verständnis ihrer Arbeit zu entwickeln. Als Überbau für Vertrieb und Werbung müssen sie keine Techniker und Programmierer sein, die operativ arbeiten, sondern wissen, was sie wollen, dies dann an eine qualifizierte Agentur weitergeben und die Umsetzung konstant begleiten, mit Input versorgen und strategisch im Blick behalten.

Allround-Agenturen und Neffen sind keine Experten

Alles schon probiert – und dennoch genauso sehr und wenig erfolgreich wie zuvor? Auch wenn das oft zu hören ist: Der grundlegende Gedanke war nicht falsch, und ein Schritt wurde immerhin gewagt, gleichzeitig jedoch leider am falschen Ende gespart, ob bei Energie, Mut oder Geld. Agenturen werden auch nur von Menschen geführt – und diese fühlen sich regelmäßig geneigt, die natürlich digitale eierlegende Wollmilchsau zu versprechen. Unternehmer, tja, die sind ebenso Menschen und ebenso geneigt, auf solche Bauchladenverkäufer reinzufallen, besonders wenn der Preis »stimmt«. Dabei wäre wohl den meisten dieser Geschäftsleute klar, dass nichts wert ist, was nichts kostet.

Wären sie zudem noch bereit, digitale Strukturen in Kopf und Unternehmen einzuführen, wüssten sie, dass es heutzutage kaum mehr möglich ist, all das richtig gut umzusetzen, was sogenannte Full-Service-Agenturen versprechen. Noch immer gibt es zu viele Anbieter, die ernsthaft zu vermitteln versuchen, dass sie alles können, sei es Programmieren, Texte, Print, IT, Branding, Performance – Marketing in jeder Facette, doch stets in perfekter Umsetzung. Es ist noch nicht mal besonders wahrscheinlich, dass eine Agentur für jede dieser Aufgaben unterschiedliche Leute angestellt hat, geschweige denn Experten in den jeweiligen Bereichen. Im besten Fall sind das gute Durchschnittslösungen, aber ganz sicher keine individuellen von Spezialisten.

Im Zweifel fühlt sich irgendjemand berufen, vielleicht seinen Neffen damit zu beauftragen, »ein paar Dinge im Internet« einzustellen. Diese Herangehensweise ist und bleibt tödlich für das Unternehmen, im wahrsten Sinne des Wortes. Es bringt nicht nur wenig bis gar nichts, was den Erfolg eines solchen »Online-Marketings« angeht, im Gegenteil kann es großen Schaden anrichten: Bestands- wie auch mögliche Neukunden können vergrault werden, potenziell wertvolle Aktionen, Events oder Räume ungenutzt am Unternehmen vorbeiziehen, Gelder in den Sand gesetzt werden. Vor allem aber wird der Hauch Mut und Vertrauen in die neuen Marketingmöglichkeiten der Digitalisierung seitens des Unternehmers oder Entscheiders sinnlos vernichtet, nicht zu selten auf lange Zeit.

Ähnliches lässt sich allerdings beim Umgang von Unternehmen mit Agenturen als altbekannte und langjährige Partner erleben: Da zeigen die Unternehmer plötzlich Herz, ihre soziale Ader oder Ehre: »Ach, die kennen wir schon so lange. Die haben uns schon tolle Broschüren geliefert – und tolle Angebote gemacht.« Dieses Durchfüttern von Inkompetenz ist weder für die eine noch für die andere Seite sinnvoll.

Für Unternehmen ist es fatal, sich solch hohe Sozialanforderungen aufzubürden. Die schlechten Erfahrungen, die in diesen Fällen konstant gemacht werden, führen zu nichts anderem als Verdruss, Unverständnis und Verklärung. Das ist kontraproduktiv, geradezu tragisch. Die Agenturen hingegen versuchen, die richtige Wahl zwischen Pest und Cholera zu treffen: Zu viele bleiben in der Annahme hängen, dass sie ihren Kunden möglichst umfassende Dienstleistungen anbieten müssen – und zwar bitte zu einem möglichst kleinen Preis.

Während letztgenanntes Horrorszenario oft genug von den Kunden herrührt, ist ersteres ein Artefakt aus alten Zeiten der Agenturen selbst. Damals – und damit sind nicht die Siebzigerjahre gemeint – waren viele dieser Agenturen auf (Print-)Werbung und PR spezialisiert und viele von ihnen sicher auch gut in ihrem Fachbereich. Dann kam die Zeit der Webseiten auf, und die Nachfrage stieg – allerdings zunächst nicht nach Online-Spezialisten, sondern nach Webseiten. Der Weg war kurz, also fragten viele Unternehmen kurzerhand ihre Agentur, ob das nicht eigentlich auch zum Marketing gehöre, außerdem müsse das alles ja im Corporate Design erstellt werden. Dass deshalb viele Agenturen Blut geleckt haben, ist nachvollziehbar – ein Spezialist für Webdesign ließ sich zudem noch einstellen, die anderen entsprechend ausbilden.

Mehr Experten bedeuten mehr Reichweite, mehr Erfahrung, mehr Erfolg

Es folgten SEO, stetig neu auf den Markt strömende und immer komplexer und intelligenter werdende Content-Management-Systeme (CMS) für Webseiten, Banner, SEA, Online-Shops, Plattformen, Social Media et cetera. Spezialwissen auf all diesen Gebieten? Schlicht unmöglich, wenn es sich nicht um die bekannten Großen mit hundert und mehr Mitarbeitern handelt – und das tut es selten. Häufig ist es eine One-Man-Show, meist eine kleine Agentur mit bis zu 25 Mitarbeitern, die seit Jahr und Tag mittelständische Unternehmen betreut und viele ihrer Kunden aus dem Schützenverein kennt oder durch Mitarbeiter mit ihnen verwandt ist – auch hier lässt also der Neffe grüßen.

Diese Agenturen mögen ihr Wissen und ihr Know-how durchaus peu à peu angereichert haben, aber dennoch nicht hinterherkommen. Die digitalen Strukturen müssen nun mal ebenso mit ihrer Geschwindigkeit und volatilen Natur zurechtkommen wie die Märkte und Menschen. Sie können es allerdings wesentlich besser als wir und schaffen sich eigene Werkzeuge, um das Tempo mitgehen zu können. Wir hingegen müssen diese Werkzeuge erst zu nutzen lernen – und kaum haben wir das getan, sind schon wieder neue da. So spannend das ist, zieht es Konsequenzen im Organisationsaufbau mit sich: Lange Beziehungen zu einer Agentur oder gar die eigene »spezialisierte« Marketingabteilung, die tatsächlich operativ tätig ist, lassen sich so nicht aufrechterhalten. Dazu gibt es zu viele Methoden, Tools und Konzepte, die zu komplex, flexibel und veränderbar sind, als dass man sie alle beherrschen könnte.

Das neue Modell des Marketings kann sich aber zunutze machen, was aktuell auf dem Arbeitsmarkt passiert: Immer mehr Spezialisten, ob Freelancer oder Agenturen, erlauben es ihren Kunden, sich exakt die Expertise auszusuchen, die sie aktuell für ein bestimmtes Projekt brauchen. Sie sind dann auf dem aktuellsten Stand, top ausgebildet und wissen, was dieses eine Tool leisten kann und wie es sich mit all seinen Facetten sinnvoll nutzen lässt. Dieses Wissen benötigt ein Unternehmen vielleicht nur einmal, für eine Kampagne oder ein Produkt – es wäre ineffizient, hierfür jemanden im eigenen Haus auszubilden.

Das gilt unter Umständen eben auch für die »Full-Service-Agentur«: Diese kann es sich kaum leisten, für wirklich alles Spezialisten zu haben, die zudem noch permanent weitergebildet werden. Wie auch? Um ihre Leute, ihre Kunden und die geforderten Preise halten zu können, müssen Erstere arbeiten, da bleibt keine Zeit für die digitale Dauertransformation und Fortbildung. Sie sollte sich ebenso anpassen und ihren Status als Bauchladen, der mit Messestand, Flyer, PR, CI und Online-Marketing alles können will, aufgeben – alles andere ist absolutes Strategieversagen mit gewaltigen Qualitätsabstrichen.

Während diese und noch dazu schlechte Agenturen versuchen, sich ohne konstante Weiterbildung auf dem Markt zu halten, gibt es noch immer mehr als genug Unternehmen, die den Fehler begehen, sie dabei zu »unterstützen« und beide Seiten ins Unglück zu stürzen. Wesentlich sinnvoller und effizienter ist es, das entscheidende Spezialgebiet zu finden, das die aktuelle Strategie gerade benötigt. Eine gute Werbeagentur ist nun mal etwas anderes als eine Internetagentur, Punkt. Nur weil sie clevere Buswerbung oder sexy Messestände konzipieren kann, heißt das noch lange nicht, dass sie SEO oder Content-Marketing beherrscht.

Das Fazit ist ein neues Verständnis von Zusammenarbeit: Der Kunde muss wissen, was er (digital) will, seine strategische Ausrichtung klären und sich dann mit Experten zusammentun, die ihn in der Umsetzung bestmöglich unterstützen können. Das müssen in der digitalisierten Welt wahrscheinlich mehrere sein, sodass der Kunde zum Moderator und Koordinator wird und das große Ganze steuert.

Für jede Maßnahme die richtigen Kräfte nutzen

Gleichzeitig kann eine Agentur wichtige Impulse liefern, was die strategische Konzeption angeht, und als Berater an der Seite des Unternehmens stehen. Sie kann nicht alles übernehmen – dazu reicht ihr Entscheidungshorizont nicht, schließlich betreffen die hier gemeinten Marketingstrategien das gesamte Unternehmen –, aber sie kann ihre Erfahrungen extrem sinnvoll einbringen.

Denn auch das ist ein Vorteil der neuen und komplexeren Aufgabenverteilung: Agenturen und Freelancer haben in ihrem Spezialgebiet schon diverse Unternehmen aus unterschiedlichen Branchen begleitet und sich stetig weiter optimiert. Hier können sie also durchaus entscheidenden Input liefern und ihre Perspektive nutzen. Ein Unternehmen, das in seiner Position und Innensicht zwangläufig gefangen ist, kennt seine Kunden und Produkte, hat aber operativ wenig Erfahrungswerte. Hier sollte der Profi beraten, den Prozess von der Idee bis zur Umsetzung leiten und gegebenenfalls weitere Player, die ebenfalls Experten auf ihrem Gebiet sind, hinzuziehen.

Mit den richtigen Fragen die richtigen Leute finden

Das klingt ziemlich logisch. Dennoch zeigt sich in der Realität, welche Hürden sich auftürmen, wenn es darum geht, diese spezialisierten und beratenden Agenturen zu finden. Die entscheidenden Punkte scheinen für viele Unternehmer noch immer folgende zu sein: Billig an gute Leistung zu kommen – und keine Fragen zu stellen.

Ersteres muss eigentlich nicht weiter erklärt werden – noch immer haben sich nicht alle von dem Wunsch verabschiedet, wirklich gute Expertenleistungen für 60 Euro die Stunde zu erhalten. Doch allein um eine akkurate Weiterbildung zu ermöglichen, müssten 30 Prozent der Arbeitszeit investiert werden. Dass das bei dem Stundensatz nicht möglich ist, sollte jedem klar sein. Mit mittelmäßiger bis schlechter Qualität – analog zur Bezahlung – kommt man nicht allzu weit auf einem Markt, auf dem sich auch exzellente Anbieter und Mitbewerber tummeln, die Experten beauftragen. Das sollte jedem klar sein – und das Geld lieber anderweitig eingesetzt als so verschwendet werden.

Dass Unternehmer und besonders häufig Mittelständler sich scheuen, den Agenturen die richtigen Fragen zu stellen und ihnen auf den Zahn zu fühlen, resultiert hingegen entweder aus Unwissenheit oder aus Unfähigkeit – wobei das eine meist aus dem anderen resultiert. »Gib bloß nicht zu erkennen, dass du von dem Metier keine Ahnung hast, sonst ziehen sie dich über den Tisch!« Das Gegenteil trifft allerdings allzu häufig zu: Unternehmen werden schlicht und einfach betrogen, weil sie eben nicht hinterfragen, was ihnen warum und in welcher Form angeboten wird. Natürlich stimmt es: Viele verstehen es auch nicht, denn sie sind nicht die Experten und suchen sich genau deshalb eine Agentur. Aber: Ohne ein wenig Interesse, Commitment und digitales Denken lässt sich weder eine gute Agentur erkennen noch so anleiten, dass sie wirklich überzeugende Arbeit liefern kann. Die eigenen Skills, das eigene Wissen zu diesem Thema muss zumindest so weit reichen, dass man selbst beurteilen kann, was eine Agentur plant und welche Richtung sie einschlagen will.

Ein weiterer Vertrauensvorschuss lässt sich mit Zertifizierungen, Siegeln und zufriedenen Referenzkunden der Agenturen erreichen. Entscheidend ist aber, etwas »Mut« aufzubringen, die richtigen Fragen zu stellen: »Was könnt ihr als Agentur wirklich? Welche Spezialgebiete habt ihr? Holt ihr euch Externe hinzu, wenn die Maßnahmen dies erfordern?« Wenn eine Agentur darauf ausschweifende oder ausweichende Antworten gibt, sich als Alleskönner deklariert oder ihre fünfzehn Mitarbeiter als Allrounder bewirbt, kann, darf und muss man dies kritisch hinterfragen – und zwar offen.

Wer sich an dieser Stelle vor direkter Kommunikation drückt, wird ohnehin nicht glücklich aus dieser Beziehung herauskommen, also kann er es gleich lassen. Die Argumentation, man kenne sich schon so lange, habe gute Erfahrungen oder gar anderweitige Bindungen, wird realistisch betrachtet hinfällig, wenn man nicht ehrlich miteinander reden kann. Selbst die ehrbaren Gründe, dass die kleine Agentur von einem abhängig sei, dass man sie nicht hängen lassen könne, ist falsch: Die eigenen Mitarbeiter in Gefahr zu bringen, weil man Geld aus dem Fenster wirft, statt sich auf die Zukunft vorzubereiten und strategisch geschickt vorzugehen, ist nicht weniger unmoralisch.

Alte Partner nach Expertise auswählen

Aber man muss sich ja nicht radikal von allen alten Partnern trennen: Gegebenenfalls macht diese Agentur ja irgendetwas gut, vielleicht das, was sie schon immer gemacht hat: Printanzeigen, Messestände, Broschüren, Corporate Design? Wahrscheinlich kennt sie auch die (altbekannte) Zielgruppe und ihre Bedürfnisse ziemlich gut. Dann belässt man es dabei, aber eben nur in diesem einen Bereich – alles andere wird an entsprechende Experten weitergeleitet. Entstehen dadurch Konkurrenz und Reibungsverluste? Mitnichten, schließlich können die neuen Spezialisten etwas ganz anderes! Sind sie gut und kundenorientiert, werden sie damit keine Schwierigkeiten haben, ganz im Gegenteil. Diese unterschiedlichen Marketingstränge und die Umsetzer können dann vonseiten des Unternehmens, das den konzeptionellen und strategischen Überblick bewahren muss, zusammengezogen und harmonisch zu einem großen Ganzen arrangiert werden.

Ein mittelständischer Hersteller zum Beispiel kann also entscheiden, dass er für seine Produkte, Dienstleistungen und vor allem Kundengruppen folgende Marketingmedien benötigt: einen Messeauftritt, Zeitungsanzeigen und Online-Marketing. Er kann sich nun überlegen, wie er dafür vorgehen mag: Entweder sucht er sich eine Agentur für alles beziehungsweise lässt Agenturen für alles pitchen, oder er sucht sich für jedes Thema Spezialagenturen, die allerdings nichts voneinander wissen.

Klassischerweise wird meist eine Full-Service-Agentur beauftragt – wenn nicht ohnehin der Neffe zupacken darf. Kommen jedoch unterschiedliche Agenturen zum Zug, so wird fast immer ein ebenso gravierender Fehler begangen: Die Spezialisten bekommen ihre Aufgaben, ohne von den anderen und ihren Zielvorgaben zu erfahren. Konzept und strategisches Ziel? Digitales Denken mit Fokus auf die Zielgruppe? Einheitliche Vorgehensweise? Wohl kaum. Worum geht es: ums Branding, Erreichen einer bestimmten Zielgruppe, Umsatzwachstum? All das wurde niemandem mitgeteilt – nicht etwa aus Widerwille oder Geheimniskrämerei, sondern aus Unwissenheit: Die Unternehmer haben oft selbst keine Ahnung, was sie bezwecken möchten, doch immerhin haben sie ein wenig Budget eingeplant – das ist ja schon mal was! – und gehen davon aus, dass die Agenturen schon wissen werden, was zu tun ist.

Der Idealfall: Ein mittelständischer Hersteller möchte neue Kundengruppen erschließen. Dafür hat er seine Produkte, sein Geschäftsmodell und seine bestehenden Zielgruppen analysiert und sich dafür Zwischenziele gesetzt. Mit dem Team im Rücken geht er nun zu einer oder mehreren Agenturen und berät sich mit diesen hinsichtlich seiner Möglichkeiten. Dann wird ein Marketing-Gesamtkonzept erstellt, das alle Player und Kanäle einbezieht, Schnittstellen bietet und an jeder Stelle Änderungen und Modifikationen erlaubt. Das Budget orientiert sich am Er-

folg, zumindest was die digitalen Umsetzungsformen anbelangt:
Man testet einen Suchbegriff, ändert, testet einen anderen, die
gleiche Vorgehensweise beim Retargeting, bei der Nutzung von
Bannern. Die Customer-Journey wird über alle Kanäle verfolgt
und verbunden, die Daten stetig interpretiert, die Budgetver-
teilung so gestaltet, dass die Reise noch schneller, direkter zur
Entscheidung führt. Das geht natürlich nur mit allen Spezialisten gemeinsam: Die einen übernehmen die Befeuerung der
analogen Kanäle, die anderen die Umsetzung auf den digitalen.
Bei Letzteren kann so gut wie alles getestet und zeitnah justiert
werden, doch selbst Messen und andere analoge Maßnahmen
lohnen im Nachhinein einer gründlichen Return-Analyse.

Das Unternehmen stellt seine Strategie und all sein Wissen zu
Produkt und Kundenbeziehungen zur Verfügung, übernimmt
das Projektmanagement sowie die Auswertung der Daten. Der
Verantwortliche im eigenen Unternehmen muss dabei aller-
dings zumindest im Groben verstehen, was passiert, wie er die
Agenturen und ihre Fähigkeiten für sich nutzen kann, kurz: wie
er die Kanäle und das große Ganze steuern kann und nicht ge-
gen die Wand fährt. Fahren soll ohnehin jemand anderes, ope-
rative Maßnahmen gehören nicht ins Unternehmen. Was in die
Hände der Führung gehört, sind das Budget und seine flexible
Handhabung. Es geht weder um Vorlieben des Chefs noch um
Überperformance, weil man gerade Geld übrighat, sondern um
Investitionen genau dort, wo sie sich erwiesenermaßen lohnen.

Es sollte klar sein, dass all das nur machbar ist, wenn man im
ehrlichen, vertrauensvollen Austausch mit den Agenturen und
Dienstleistern steht, so lange nachfragt, bis man die Antworten
versteht oder die Agentur wechselt, und sich klarmacht, dass
gute Leistung Geld kostet und diese Dienstleister sowie ihre Mitarbeiter nicht selten um jeden Cent kämpfen. Agenturen wachsen mit ihren Kunden – und auch wenn viele besser werden, stetig dazulernen und vielleicht sogar Kapazitäten freimachen, um
mehr Zeit und Kraft in cleveres, vorausschauendes und kontrol-

liertes Marketing zu investieren, tun Mittelständler gut daran, sich mit Spezialisten zusammenzutun. Zunächst sollte allerdings klar sein, was diese Spezialisten leisten können und sollen – und wann sie tatsächlich als solche gelten dürfen.

Die aktuelle Agentur feuern, wenn es sein muss

Leider spielen nicht nur die Unternehmen, sondern auch die Agenturen viel zu oft mit verdeckten Karten und haben zu wenig Ahnung von dem, was sie eigentlich tun. Viele Agenturen verheimlichen ihr Hintergrundwissen und nutzen die Unwissenheit der Kunden, mit gravierenden Folgen. Denn so fallen immer wieder leichtgläubige Unternehmer auf die Aussage rein, dass die Agentur es schafft, sie mit geschickten und innovativen SEO-Techniken in den Suchmaschinen als Nummer eins zu platzieren, garantiert. Das ist nichts anderes als Betrug.

Google legt seine SEO-Algorithmen und -Strategien nicht offen, das haben wir schon erfahren, die beste Agentur kann also nicht sicherstellen, dass ein Unternehmen an oberster Stelle erscheint, noch dazu dauerhaft. Hinzu kommt, dass die Preise dafür stellenweise aberwitzig sind – und absolut intransparent. Gekaufte Anzeigen sind hingegen oftmals erheblich weniger kostspielig, können jederzeit justiert oder gestoppt werden und sind vor allem vollständig transparent und an klare Ergebnisse gekoppelt. Jeder, der das versteht, muss es vorziehen, für Klicks auf seine Anzeige einen bestimmten Preis zu bezahlen als einen horrenden für eine unstete Platzierung – die zunächst keinen Kontakt zum Kunden schafft.

Agenturen, die auf diese Art agieren, denken nicht an den Nutzen ihres Kunden, sondern an ihren eigenen. Mit festen Vertragslaufzeiten können sie ein paar Jahre kassieren, und dann heißt es oft: »Nach uns die Sintflut!« Und die Kunden bleiben frustriert zurück, gebrannte Kinder. Das Ganze funktioniert nur, weil sich beide Seiten in Mäntel des Schweigens hüllen: Die einen wollen nichts preisgeben, die anderen es nicht wissen. Oft ist es Zeitmangel, meist jedoch kombiniert mit dem Unwillen, sich mit etwas auseinanderzusetzen, was man ohnehin nicht versteht und nicht lebt. Es muss doch reichen, dass man etwas machen lässt und dafür zahlt – ist man nicht damit schon hinreichend digitalisiert? Nein, ist man nicht. Digitalisiert zu handeln bedeutet, in Iterationen und Tests zu denken und stetig zu optimieren. Wie soll das gehen, wenn man kein wahres Ziel verfolgt, nicht weiß, in welche Richtung optimiert werden soll?

Dies ist nicht nur der klare Beleg für den Unternehmer, dass er stehen geblieben ist. Auch für Agenturen ist die Verweigerung von Tests ein klares Feuerkriterium: Wenn sie nur garantiert und verspricht, aber von vornherein an einer Methode und Strategie festhält, kann sie nicht die richtige sein. Gerade bei den SEO-Versprechen wird dies offensichtlich, wenn man sich Spezialgebiete und -begriffe anschaut. Mal angenommen, »Förderbandschnecke« wird im Monat von circa 100 Leuten gesucht. Sagt dann ein Dienstleister, er setzt das Unternehmen für 500 Euro im Monat auf die erste Seite von Google, dann wäre dies über SEA und gekaufte Anzeigen einfach und kostengünstig zu bewerkstelligen. Mit SEO hingegen geht das meiste Geld an die Agentur. Wenn dann auch noch argumentiert wird, dass der Klickpreis auf die Anzeigen zu hoch sei, sollte man schleunigst das Weite suchen und eine andere Agentur beauftragen.

Woran Sie erkennen, dass eine wirklich gute Agentur an Ihrer Seite steht? Sie handelt transparent und flexibel, arbeitet Ihnen gegenüber mit großer Erklärungsfreude, kann ihre Ziele und Vorgehensweise verständlich transportieren und legt wirklich Wert darauf, dass Sie verstehen, was sie plant, kostet und umsetzen will – selbst wenn dies bedeutet, ein paar »dumme Fragen« zu beantworten. Die Agentur redet nicht nur in Buzzwords, stellt die richtigen Fragen, hat vielfältige Kontakte und ist offen für Kooperationen und Versuche, obgleich sie klar auf einen oder wenige Bereiche spezialisiert ist. Und ja, diese Agenturen gibt es!

Vielleicht haben Sie sie nur noch nicht entdeckt, weil Sie seit Jahr und Tag mit Ihrer Hausagentur zusammenarbeiten, den Wandel scheuen, sich nicht selbst in das Thema einarbeiten mögen und entsprechend lieber alles so laufen lassen wie gewohnt. Dabei kann man Geld wirklich leichter verbrennen – oder es sinnvoll nutzen.

6.2 Alle Wege führen zum Kunden – man muss sie nur nutzen

Die wenigsten suchen im B2B-Bereich als Erstes nach Marken – Anbieter können also ihre Inhalte optimal nach Angebot und Nachfrage ausloten, um dann aus den Tiefen des Internets hervorzutreten. So kann der potenzielle Kunde je nach Dringlichkeit und Bedarf beispielsweise in den Shop, von dort aus zur Webseite, dann zum YouTube-Kanal gelangen – und schließlich zum Lead werden, zum Telefon greifen und mit dem technischen Vertrieb in Kontakt treten. Das bedeutet: viele Touchpoints, viele digitale Stationen, an denen das Unternehmen dezidiert arbeiten kann, um die Wahrscheinlichkeit zu erhöhen, dass der interessierte Suchende bleibt und schließlich kauft.

Dieses Ineinandergreifen der Kanäle, Formate und Angebote ist ebenso entscheidend wie jedes Puzzlestück für sich. Alleine sind sie – an die individuellen Zielgruppen angepasst – gut, doch erst in der richtigen Kombination werden sie zum wahren Erfolgsfaktor, Stichwort Customer-Journey: Interessierte, Kunden und Partner bewegen sich auf ihrer Reise nun mal kreuz und quer durch die Kanäle. Wenn auch nur einer davon bespielt wird, und das vielleicht sogar überragend gut, werden Kunden ihr Verhalten nicht grundsätzlich ändern und alle anderen Kanäle fallen lassen. Dort werden andere Angebote auf sie warten, auf jeden Fall aber werden sie irgendwann in einer Suchmaschine stöbern, dort mal über das Produkt als Suchbegriff, mal über die Funktionen, Forschungsstände und Best Practices nach Antworten schauen. Dann werden sie bei YouTube – was im Grunde genommen ebenfalls eine Suchmaschine ist – nach Videos suchen, Empfehlungen von Partnern oder Wettbewerbern prüfen, auf Messen in Kontakt treten, mobil Banner mit passenden Inhalten anklicken, gegebenenfalls einen Newsletter abonnieren und in den sozialen Medien Diskussionen und Free Content begrüßen.

Branding und Markenbildung kann genau hier ansetzen und ein Gefühl von Vertrauen und Marktplatzierung vermitteln: Wenn ein Unternehmen immer wieder auf der Reise auftaucht, entsteht ein Wiedererkennungseffekt, der sich bei potenziellen Neukunden wie auch bei Bestandskunden positiv auswirkt. Dabei ist das eigentlich ein Nebeneffekt – denn mit den richtigen und vor allem aktuellen und sich ändernden Inhalten reden wir noch immer über Performance-Marketing.

Um das alles denken, gestalten und realisieren zu können, ist seitens des Unternehmens eine digitale Strategie notwendig, so viel ist inzwischen klar. Dass jetzt einige noch immer zögern, wer die Umsetzung machen soll, ebenso. Das Agenturkapitel beleuchtet einen Teil der Lösung: Es muss nun mal richtiggemacht werden, professionell und kundenorientiert. Das geht nur mit Profis – und gemeinsam, denn selbst erfahrene Profis brauchen den engen Austausch mit dem Unternehmen und dessen Input. Dieses ist mit seinem digital gedachten Geschäftsmodell und seiner Nähe zum Kunden bei der Gestaltung einer Kampagne unerlässlich, sollte sich jedoch zugleich auf die Ideen und Wege der Marketingfachleute einlassen. Denn die werden einen Mix aus diversen Kanälen und Maßnahmen anvisieren, wenn sie wissen, was sie tun. SEM mit Suchmaschinenoptimierung, Anzeigen, Bannern und Co., Social Media, Newsletter und E-Mail-Marketing, Messen, Flyer und vielleicht sogar Empfehlungs- und Affiliate-Marketing – also Werbung und Vertrieb über Vertriebspartner, die dafür Provisionen erhalten.

Es bleibt dabei: Der Kunde steht im Mittelpunkt und Fokus

jeglicher Handlungen. Und da Kunden heterogen, mobil und fordernd sind und an diversen Stellen aktiv in Entwicklung und Gestaltung eingebunden werden möchten, sollten sie die Chance dazu erhalten. Sie müssen mitreden, ihre Forderungen, Erwartungen und Bedürfnisse schnell und einfach anbringen können. Sie müssen die Produkte, den Input und den Service erhalten, die beziehungsweise den sie wünschen – und die, von denen sie noch gar nicht wissen, dass sie sie brauchen. Und sie müssen all das auf den Wegen und in den Medien erhalten, wo sie sich aufhalten und die sie konsumieren, sei es auf Messen, in Zeitschriften, in Foren oder bei Google.

Social Media – Kommunikationsbranding

Grundsätzlich können und sollten sich die meisten Unternehmen auf Facebook zeigen, dort ihr Netzwerk konstant ausweiten, in Kontakt bleiben, Neuigkeiten verbreiten und teilen. Besonders für Personalsuche und Employer-Branding, also die Bildung einer attraktiven Marke als Arbeitgeber, lässt sich Facebook nutzen, doch auch das Branding generell lässt sich hier vorantreiben. Social Media sind jedoch viel mehr als das – und wenn es um Marketing und Verkauf geht, gibt es bessere Methoden, als bei Facebook eine Anzeige zu schalten oder dort von einem Unternehmensevent zu berichten.

Wer bei Xing und LinkedIn zuerst nur an Personal und Recruiting denkt, sollte noch ein wenig weiterdenken, digital. Denn die Informationen, die in diesen Netzwerken hinterlegt sind, bieten sich geradezu an, für zielgruppenaffines Marketing verwendet zu werden. Branchen, Abteilungen, Positionen – je nach Ziel, Produkt oder Strategie können diese Daten die Maßnahmen und deren Erfolg maßgeblich beeinflussen. Mit Investitionsgütern richtet man sich gezielt an Verkauf und Führung, mit Apps, How-to-Videos und Whitepaper an die Herstellung, mit Service und Produkten an Rechnungen und Logistik, mit Expansions-

oder Partnerwünschen in ein bestimmtes Land an die jeweiligen Abteilungsleiter, mit Free Content an relevante Diskussionsgruppen und so weiter. In diesen professionellen und geschäftlichen Rahmen lässt sich sehr gezielt auf spezifische Zielgruppen zugehen, Streuverluste vermeiden und ein Dialog aufbauen, der Vertrauen schafft und bindet.

E-Mails, die nicht von gestern sind

Es mag in der Tat erschrecken, dass E-Mails in manchen Alters- und Zielgruppen als völlig veraltet, langsam und aufwendig aufgegeben wurden. Sie haben aber noch immer ihre Daseinsberechtigung und sind noch lange nicht mit der behäbigen Briefpost gleichzusetzen. Dennoch bedarf es einer wirklich guten Strategie zur passenden Zielgruppe, um sie wieder als das Medium ins Spiel zu bringen – vor allem mit einer Kombination aus News, spezifischen Inhalten, die individuelle Kunden wirklich lesen möchten oder müssen, aus Anregungen und Call to Actions.

Im B2B-Bereich ist die Öffnungsrate von E-Mails aktuell relativ gering, das liegt aber auch an dem Overkill und Schindluder, der in den letzten Jahren mit Mailings und Newslettern betrieben wurde. Wie viele Mails öffnen Sie wirklich? Und welche öffnen Sie warum? Genau, es sind nur wenige – und nur solche, die tatsächlich einen echten Mehrwert bieten.

An diesem Punkt anzusetzen und etwa auf neue Produkte hinzuweisen, auf MVPs, die in der Entstehung sind, oder auf Innovationen, die noch des Inputs bedürfen, kann je nach Branche und Zielgruppe fruchten. Alternativ können es Kooperationen und Partner oder Whitepaper sein, die hier platziert werden, weil sie den eigenen Kunden Vorteile bieten. Einige Unternehmen haben es sogar geschafft, solche Newsletter gegen Bezahlung einzuführen. Die Qualität der Inhalte muss das rechtfertigen, doch dann gilt in gewissen Bereichen durchaus: »Was nichts kostet, ist auch nichts wert.« Wie gesagt, der Kunde entscheidet.

Banner, Anzeigen und Co. – Werbung mit Sinn und Verstand

Die gesamten Maßnahmen rund um Suchmaschinen und Webseiten sind in diesem Buch immer wieder aufgetaucht. Nicht vergleichbar mit klassischen Anzeigen und ihren Streuverlusten in Printmedien sind Online-Banner und -Anzeigen dank ihrer präzisen Auslieferung so vielschichtig – und vielseitig einsetzbar. Für das Retargeting potenzieller Kunden, für das Cross-Selling komplementärer, verwandter Produkte, für Fallstudien, für Anwendungsbeispiele und Best Practices von Kunden, die zeigen, wie sie die Produkte oder den Service nutzen – gezielt platziert sind sie goldwert, ohne gleiches zu verschlingen. In Kombination mit Geotargeting können sie sogar zum Ersatz für Messestände werden und aufseiten von Partnern oder Kunden diese zusammenführen.

Im großen weiten Internet gehen diese Maßnahmen vielleicht unter, auf den richtigen Seiten und mit den richtigen Suchbegriffen können sie jedoch die selektive Wahrnehmung nutzen – und mit einer kontrollierten, justierbaren Erfolgsrate belegt werden. Der Fantasie und der Kundennähe sind keine Grenzen gesetzt, wenn ein Unternehmen beides besitzt.

Partner- und Parallelwelten – Affiliates führen zu Aufmerksamkeit

Diese Taktik sollte auch den klassisch denkenden Vertrieblern gefallen: »Sei gut und sprich drüber – und lass andere darüber sprechen.« »Affiliates« sind Partner, Verbündete, Kunden, Freunde, Multiplikatoren. Man kann sie nur bedingt kaufen, und das ist auch gut so: Wer gibt schon seinen Namen dafür her, für Produkte oder Unternehmen zu werben, hinter denen man nicht steht. Vertrauen kann auf diese Weise auf unterschiedlichen Ebenen wachsen: Entweder sind es namhafte Kontakte oder Konzerne, oder es sind viele oder im besten Fall gar beides.

Im B2B-Bereich steckt dieses Vorgehen noch in den Kinderschuhen, das neue Bild von Wettbewerb, der zum Kooperationspartner wird, hat sich noch nicht überall durchgesetzt. Dabei schafft mehr Vernetzung mehr Vertrauen als Konkurrenz. Stattdessen führen Spezialisierung und Individualität dazu, dass der Austausch für alle Vorteile bringt: Wenn der eigene Kunde etwas anderes braucht, als man liefern kann, wird er positiv gestimmt bleiben, wenn man ihn an einen anderen Anbieter verweist – und zwar automatisiert, weil die Verbindungen via Plattformen oder eben Affiliate-Marketing vorhanden sind. Eine echte Winwin-Situation.

Die ersten Unternehmen haben begonnen, für Weiterempfehlungen Incentives anzubieten: Eine Provision, in welcher Form auch immer – es muss nicht nur schnöder Mammon sein –, für gelesene und kommentierte Blogs oder Testberichte klingt auf den ersten Blick vielleicht verrückt, doch sie ist es nicht. Sie ist ein Puzzlestück im Gesamtbild, das durchdacht und zielgruppengerecht den Kunden beglückt – und damit zum Gewinn führt. Und was soll man denn verlieren, wenn man Banner von Partnern auf seinen Internetauftritten zulässt, die für die gleichen Branchen und Player interessant sind? Genau, es ist ein Geschenk, das zu Kommunikation führt, zu Austausch und Vertrauen. Wenn man es schafft, dass potenziell Interessierte ihre Kontaktdaten hinterlegen, um an ein Whitepaper oder Best Practice eines anderen Anbieters zu gelangen, kann das für das eigene Unternehmen so schädlich nicht sein.

Diese Kontaktpunkte und Impulse sind nur ein Teil dessen, was jedes Unternehmen testen und für sich optimieren kann, um seine Reichweite zu vergrößern und seine Kunden zufriedenzustellen. Regelmäßig kommen neue hinzu, auch analog: Messen werden in ihrer bekannten Form vielleicht wirklich nicht überleben, aber ihre Nachfolger werden das aufgreifen, was noch immer nötig ist und gesucht wird: direkter Austausch, Networking. Events sind schließlich in unseren Leben auch nicht ausgestorben. Wir sind zwar alle mobil und online, aber der gemeinsame Live-Act ist nicht zu imitieren. Ob es Veranstaltungen mit anderen Herstellern, Partnern, Zulieferern oder Kunden sind, sie können begeistern und als Branding-Maßnahmen in Kombination mit Anzeigen, Bannern und SEO dazu führen, dass man im Gedächtnis bleibt. Wenn dann das benötigt wird, was man anbietet, werden die Entscheider sich daran erinnern – oder die Praktikanten. Selbst wenn der Einkäufer dies nicht direkt aufnimmt, auf seiner Reise aber mehrfach auf das genannte Unternehmen stößt, wird über kurz oder lang ein Deal draus.

Diese neuen Wege des Marketings und des Kunden können auf vielfältige Weise bedient werden. Manchmal scheint es schwierig, die Zusammenhänge zu verstehen und die Vorteile zu überblicken. Ist das Unternehmen allerdings im digitalen Denken angekommen, schließt sich der Kreis. Und früher zusammenhangslose Maßnahmen, von denen man annahm, dass sie doch für sich und alleine eine Funktion erfüllen, werden zu einem Teil des Ganzen.

Online-Shops – weil Shopping mehr ist als Einkauf

Bei Online-Shops ist dies ebenso oft der Fall wie bei der aktiven Nutzung von Communitys oder Free Content. Dabei sind besonders Online-Shops in vielfacher Weise prädestiniert, Kunden glücklich zu machen und den Vertrieb zu entlasten. Doch dabei ist der B2B-Bereich mal wieder unterrepräsentiert.

Der Grund hierfür: Online-Shops werden in den Augen vieler nur als unidirektionaler und unifunktionaler Laden für Bestandskunden verstanden – und die rufen doch bisher immer an und bestellen ihre Lieferungen. Vergessen wird dabei, dass Telefonate wesentlich zeitaufwendiger sind, ohne zwangsläufig die Bindung zu stärken. Das Argument, die Kunden wünschten sich direkten Kontakt und bekannte Ansprechpartner, ist deplatziert. Es ist wie der »Kontakt« zu seinem langjährigen Lebenspartner

beim morgendlichen Zähneputzen unter Zeitdruck im Bade-
zimmer: unnötig. Wenn es um Nachbestellungen und bekannte Szenarien des Verkaufs geht, reißt sich heutzutage niemand
mehr darum, beraten zu werden. Wozu auch? Die Terminfin-
dung ist im Zweifel langwierig, der Smalltalk zeitraubend, das
tatsächliche Geschäft trivial.

Der Kunde kann solche Aufgaben wesentlich schneller und
effizienter gestalten, wenn er in einem wohlstrukturierten und
sortierten Online-Shop bestellt. Er gibt dafür zudem seine Daten
ab, sodass hier Potenzial für wirklichen Zusatznutzen stecken:
Neuigkeiten und Angebote können so persönlicher vermittelt
werden – denn dabei ist diese Form des Kontakts wieder wichtig. Wenn er jedoch sein Alltagsgeschäft abwickelt, wird er sich
vor allem daran erfreuen, dass er dies tun kann, wann und wo
er will – ob in der Kaffeepause, im Stau oder kurz vor einem
Termin.

Der Kunde kann aber dank guter Online-Shops noch mehr,
denn sie sind wie die guten alten Kataloge, dabei stets aktuell
und zudem bidirektional in der Kommunikation. Er kann also
nicht nur einkaufen, sondern sich das gesamte Leistungsport-
folio anschauen – wenn er denn möchte, die Zeit hat, einen
Bedarf bei sich sieht, den es mit weiteren Produkten zu stillen
gilt –, ohne sich so für einen Termin vorbereiten, Entscheidungen fällen oder erst einmal eine Preisliste anfordern zu müssen.
Und schließlich kann jeder Interessierte, den das Unternehmen
selbst vielleicht noch gar nicht im Fokus hatte, einen ersten Blick
auf das Portfolio werfen – diese neue Zielgruppe wird ebenfalls
bedient. Mit den richtigen Suchbegriffen wird die Kaltakquise
in ihren ersten Schritten digital übernommen, für die weiteren
können andere digitale oder analoge Maßnahmen folgen.

Dass in vielen B2B-Branchen Preise nicht veröffentlicht werden, ist übrigens kein Argument gegen einen digitalen Shop. Es
ist müßig und zeigt nur, dass das digitale Denken noch in der
Kinderschuhen steckt. Denn die Strukturen im B2B-Bereich

lassen sich digital ebenso abbilden wie im B2C-Geschäft: Beim
Endkunden spielen Rabatte, Sonderangebote für alle und Preis-
vergleiche eine wichtige Rolle, im B2B sind es vielmehr individuelle Preisabsprachen und Näherungswerte, schließlich gibt es
genug Branchen, in denen kaum oder gar nicht mit Normtypen
gehandelt wird und jeder Kunde eigene Anforderungen hat. All
das stellt für einen Online-Shop kein Hindernis dar: Es gibt Log-
ins, in denen die individuellen Preise sichtbar und variabel sind,
zudem können die einzelnen Bau- und Einzelteile, die der jeweilige Kunde sehr wahrscheinlich brauchen wird, entsprechend
aufbereitet präsentiert und bepreist werden.

Natürlich wird solch ein Shop nicht den kompletten klassischen Vertrieb überflüssig werden lassen, er kann aber einen Teil
von dessen Aufgaben übernehmen – skaliert und kundenfreund-
lich – und mit den anderen Vertriebskanälen und -bereichen
verzahnt werden. Es ist nun mal eine Reise, die der Kunde von
heute antritt, dafür verwendet er zahlreiche Kanäle, Medien und
Formen und Kommunikationswege. Der Online-Shop stellt ein
Puzzlestück da, das jedoch mehr als nur eine Funktion übernehmen kann, so wie die anderen Kanäle und Formen auch. Dafür
muss er geschickt und strategisch aufgebaut sein und vor allem
mit den anderen Bereichen inhaltlich interagieren. Sieht jemand
im Shop, dass die Produkte prinzipiell die richtigen sind, so wird
er als Nächstes vielleicht wissen wollen, ob das Unternehmen
die nötigen ISO-Zertifikate vorweisen kann, bei Schnittstellen
Lösungen oder entsprechende Partner hat, wie die Logistik ab-
gewickelt wird, wie die Firma oder die Produktionsanlage im
Allgemeinen aussehen, welche Kunden und Referenzen sich wie
geäußert haben, welcher Service zusätzlich angeboten wird.

Von alldem muss der Vertriebler selbst gar nicht viel mitbekommen. Der Kunde holt sich die nötigen Informationen sozusagen anonym, wann und wie es ihm gefällt – wenn er sie denn
findet. Damit muss der Vertrieb zunächst leben. Er kann sich vor
allem aber darauf einstellen und selbst alles andere als anonym

bleiben: Die heute erwünschten Informationspakete müssen so aufbereitet und platziert werden, dass der Kunde sie schnell und einfach findet, wenn er etwas sucht.

6.3 Multiple Kanäle wählen – und die richtige Mischung

Nein, es geht nicht um wilden Aktionismus, das fruchtet im Online-Marketing genauso wenig wie in allen anderen Bereichen. In Verbindung mit den Kontrollmechanismen, die uns aber in der digitalen Welt zur Verfügung stehen, muss der Weg der Kunden gegangen werden – und dieser ist vielseitig, während der Input parallel immer mehr zunimmt. Die Lösung? Omnipräsenz mit Inhalten, die überzeugen und zur Reaktion anregen. Diese muss nicht im ersten Schritt zum Verkauf führen, dieser ergibt sich fast von allein, wenn die Kommunikation stimmt. Wichtiger ist, dass die Kanäle und Inhalte miteinander verknüpft sind, die Bedürfnisse der Kunden aufnehmen und zu Lösungen führen.

Das kann schon heißen, dass der Kunde online etwas bestellen und im Laden um die Ecke abholen kann oder umgekehrt. Es kann bedeuten, dass er mobil via Banner zu einem Whitepaper und auf der Webseite zum Konfigurator weitergeleitet wird, welche die Maschine oder den Service individuell für ihn einrichtet. Oder dass er online einen Termin vereinbaren kann, um den Vertriebler zu treffen und noch später digital die Bestellung vorzunehmen. Er kann auf einer Plattform am Produkt mitarbeiten und dieses auf der Messe mit allen Beteiligten bestaunen und weiterdenken – und dort gleich die Podiumsdiskussion zur weiteren Entwicklung in seiner Branche mitnehmen.

Die Möglichkeiten sind so zahlreich wie die Kundengruppen, das ist nicht das Problem. Aber noch immer setzen Unternehmen Inhalte in den verschiedenen Kanälen auf und wundern sich, dass es nicht funktioniert – weil sie jeden Content einzeln platzieren, jeden Kanal einzeln füllen und keinerlei Verbindungen herstellen. Das Entscheidende an diesen Mischungen ist doch, das Kundenerlebnis als ein Ganzes zu bespielen und für den Kunden so sinnvoll und effizient wie möglich zu gestalten. Egal, wo der seine Reise startet, er muss die Chance haben, an allen Touchpoints an das Unternehmen zu gelangen, das ihm bieten kann, was er fordert, und möglichst noch ein wenig mehr.

Im B2C-Bereich werden diese Verbindungen und Kreuzungen noch zu oft verschlafen und unterschätzt. Im B2B-Bereich gibt es immerhin schon einige sehr gute Entwicklungen, und diese sind auch mehr als nötig, denn die Möglichkeiten, die Reise für die Kunden und Partner immer bequemer, schneller und effizienter einzurichten, wachsen stetig. Es muss eigentlich schon jetzt per »One Click«, also mit nur einem Klick, gehen: Auf welchem Pfad und welchem Inhalt man landet – der Weg zu mehr muss direkt sein, schnell und einfach. So geht Omni-Channeling – oder einfach kundenorientiertes Handeln.

Kreuz und quer, hoch und runter – mehr Kanäle, mehr Verkaufsstrategien

Per One Click kann nicht nur der Kunde gewinnen – dank der strategischen Analyse der Kunden und ihres Verhaltens lassen sich sehr genaue Hypothesen bezüglich ihres Bedarfs aufstellen, die über das eine Produkt, das zunächst im Fokus steht, hinausgehen. Wenn Kunde A Produkt X interessiert, kann man mit hoher Wahrscheinlichkeit erkennen, dass Produkt Y ebenso interessant für ihn ist, während Kunde B eher Produkt Z benötigen könnte. In Konsequenz stellt man also nicht erneut Produkt X auf den anderen Kanälen ein, sondern eben Y oder Z.

Die Idee dahinter ist nicht neu. Ob beim Kleidungs-, Film- oder Computerkauf – online erhält man schon lange die »Das-könnte-Sie-auch-interessieren«-Vorschläge. Der Unterschied zwischen B2C- und B2B-Bereich ist allerdings, dass es wesentlich spezifischer und individueller funktioniert. Wie oft war man schon genervt, dass man aufgrund eines Jackenkaufs irgendeinen Schal vorgeschlagen bekam. Im B2B-Bereich ist der Verkauf näher an seinen Kunden, sind die Redundanzen der Vorschläge besser einzugrenzen – und die weiteren Produkte und Services dank der systematischen Beobachtung der Kundenreise nicht nur geschätzt, sondern kalkuliert.

Neben diesem Cross-Selling von ähnlichen Produkten können auch Up- und Down-Selling genutzt werden, also das Anbieten von höherwertigen Produkten und Dienstleistungen oder von günstigeren Alternativen. Wenn der Kunde aus einer Branche kommt, die nicht um jeden Euro kämpfen muss und zudem schnell handeln will, hat ein Up-Selling-Angebot gute Chancen, angenommen zu werden. Wenn Kunden zögern und beispielsweise grundsätzlich mit weniger komplexen und günstigeren Produkten auskommen können, von diesen aber vielleicht noch nichts wissen, kann es eine starke Vertrauensmaßnahme darstellen und Bindung schaffen, wenn das Unternehmen von sich aus die kleinere Variante auf der Reise des Kunden platziert. Das mag auf den ersten Blick aufwendig klingen, der Gewinn ist allerdings höher als der Aufwand, wenn das System dahinter verstanden und das Kundenverhalten analysiert wird.

Spezialisten – die richtige Lösung

Gerade, wenn ein Unternehmen beginnt, sich strategisch zu wandeln und mit all diesen Mitteln zu arbeiten, kommen viel Neues und überhaupt viel Arbeit auf es zu. Das Online-Marketing »mal eben« selbständig und ohne Erfahrungen aufzubauen, schafft es selten. Zu viele Veränderungen, zu viel Spezialwissen, zu schnelle Strukturen spielen dabei eine Rolle, das umzusetzen, was das eine Produkt beziehungsweise die Kampagne brauchen und was bei der nächsten benötigt wird.

Hierbei kann ein Sparringspartner sehr hilfreich sein – wenn er denn als solcher genutzt wird. Denn all dies lädt förmlich dazu ein, sich auf Experten zu verlassen und die Arbeitszeit lieber mit der eigenen Fachexpertise zu füllen. Wer sich jetzt erhofft, alles abzugeben und innerhalb weniger Stunden keine Sorgen, alles erläutert und vom Tisch zu haben, irrt auch in diesem Fall. Eine Agentur zu beauftragen, die man mit all diesen Fragen allein hantieren lässt, wird den gewünschten Erfolg nicht einfahren können – dazu sind das Wissen um Kunden und Unternehmen sowie die strategische Linie zu wichtig. Eine Agentur kann und sollte heute beratend tätig werden, sie muss aber zuvor wissen, was genau erreicht werden und wohin die Reise grundsätzlich gehen soll, wie dabei die gesamte strategische Ausrichtung aussieht. Es ist selbstredend, dass all das bekannt sein muss, von der Führung getragen, mit Commitment an die gesamte Belegschaft weitergegeben, in die Produkte gesteckt sowie an die Kunden angepasst wird, und das ständig.

Unternehmen müssen sich zudem daran gewöhnen, operative Schritte auszulagern, um handlungsfähig zu bleiben. Wenn es beispielsweise eine Online-Plattform entwickeln und umsetzen möchte, ist es extrem langwierig, eine Stellenausschreibung für einen Entwickler zu veröffentlichen, die Anforderungen zu definieren und zu finden, das Bewerbungsverfahren durchzuführen und am Ende die passende Person einzustellen, geschweige denn sie einzuarbeiten. Eine Person allein wird in der Regel dafür ohnehin nicht reichen – und wenn sie mit Inselwissen in das Unternehmen kommt, während viele anderen noch unsicher oder gar unwillig sind, wird sie entweder auf sich allein gestellt agieren oder erst alle an Bord holen müssen. Die angedachte Flexibilität ist damit dahin, der Zeitplan für die Plattform auch. Und wenn sie dann steht, braucht das nächste Projekt wahrscheinlich Fähigkeiten, über die der neue Mitarbeiter nicht verfügt. Auch das ist eine Entwicklung, die jede Führung akzeptieren und verstehen muss, um die richtigen Konsequenzen zu ziehen, die richtige Strategie zu formulieren: Mit der Digitalisierung kommen ebenso viele Lösungen wie Herausforderungen auf uns zu. Erstere sind allerdings ebenso komplex wie Letztere, sodass es aktuell weder möglich noch sinnvoll scheint, sich intern auf dem aktuellen Stand zu halten – wenn man nicht gerade eine genau darauf spezialisierte Online-Marketingagentur ist.

Als Mittelständler in der Fertigung oder Industrie ist es eher hinderlich, für alle Möglichkeiten des Online-Marketings spezialisierte Leute zu haben. Wesentlich geschickter ist es, die Marketingabteilung im Projektmanagement zu sehen und sie als Schnittstelle zwischen Kunden, Unternehmen und Technik zu etablieren. Und sie zu befähigen, die nötigen Experten für die kommenden Schritte extern zu finden und zu beauftragen – oder Wissen in Kooperationen zu sammeln und zu dokumentieren. So verbessert sich die Marktkenntnis, so bleiben Ziele, Analysen, Controlling und somit die Handlungshoheit in der eigenen Hand, Operatives lässt sich aber extern erledigen.

Ja, diese Vorgehensweise ist zu Beginn teurer, auf längere Sicht allerdings günstiger, weil effektiver und langfristig erfolgreich. Amazon hat es auch hierbei mal wieder vorgemacht, geradezu grenzenlos investiert, ausprobiert, eine starke Fehlerkultur zugelassen und gefördert und alles auf Technologie gesetzt. Der Fokus liegt dabei stets auf dem Kunden – eine erneut so triviale wie wegweisende Erkenntnis. Im B2C-Bereich lässt sich das über den Preis recht gut bewerkstelligen: Dank des Wegfalls diverser teurer Vertriebsstufen können die gesunkenen Kosten auf den Kunden umgelegt werden. Im B2B ist das in der Tat nicht immer so, aber wie gesagt: Die Kosten stehen im Online-Marketing in kontrollierter Relation zu ihren Einnahmen.

Kooperationen sind auch eine Lösung

Ebenso werden aufgrund der erforderlichen Spezialisten mit besonderem Know-how immer wieder Vorstöße nach außen nötig sein. Auch hierbei ist es unerlässlich, dass die Führung ihre

Strukturen ändert und bereit ist, Wettbewerb neu zu definieren und Konkurrenten als Partner zu erkennen. Der Umbruch ist schon aufwendig genug, wenn man sein Wissensreservoir auf neue Wege bringt. Sich Spezialwissen mehr oder weniger ad hoc anzueignen, ist weder möglich noch nötig. Dazu verändert sich alles ohnehin viel zu schnell. Gerade ausgebildet, kann der neue Online-Marketingspezialist des Hauses direkt die nächste Fortbildung besuchen.

Wesentlich effektiver ist es, sich Mitspieler auf dem Markt anzuschauen, sich bei ähnlichen Problemen mit diesen zusammenzutun und ihre Lösungen zu übernehmen – im Austausch gegen die eigenen. Kooperationen zu schaffen, ist in der digitalen Welt nicht nur clever, sondern wesentlich zielführender, als alles allein zu versuchen.

Für jeden Geschäftsmann sollte dies Grund genug sein, seine alten Vorgehensweisen zu überdenken. Der Wettbewerb hat die gleichen Probleme, da muss eigentlich niemand so tun, als sei dem nicht so. Wozu auch? Wenn man bereits gemachte Fehler nicht wiederholen muss, spart jeder Kraft, Zeit und Geld. Außerdem kann man sich insgesamt mehr helfen als schaden, weil sich alle grundsätzlich immer weiter spezialisieren. Der USP bleibt also unangetastet, die generischen, breit angelegten Fähigkeiten kann man jedoch im eigenen Unternehmen potenzieren, wenn man in einen offenen Austausch mit seinen Mitspielern tritt.

7 Kunden sind fordernd – und der klassische Vertrieb stirbt aus

Der Vertrieb stellt einen essenziellen Baustein der Entwicklungen und der gesamten Argumentation in diesem Buch dar. Er bildet das Fundament zu den konsequent folgenden Schritten des digitalen Vertriebs und Marketings. Und er ist die entscheidende Hilfestellung für all jene Mittelständler, die sich nicht der Innovation wegen auf den Weg machen: Der klassische Vertrieb stirbt aus, und ein neuer muss her. Warum er ausstirbt, hängt mit den Auswirkungen der Digitalisierung auf Verkaufsstrukturen, Kundenverhalten und Vertriebler zusammen.

Der Kunde hat sich gewandelt und weiterentwickelt. Er ist in seinem Verhalten nicht aufzuhalten, weil er Teil unserer Gesellschaft ist und diese bereits tief in der Zeit der Informationstechnologie und -kultur steckt, neue Formen von Service und Kommunikation lebt und sich von Vorreitern vorantreiben lässt. Zu diesen zu gehören ist einfacher, als viele denken, aber es ist nicht sofort nötig. Andere können Räder erfinden, solange man diese für sich und seine Kunden zu nutzen weiß.

Mut braucht man, zumindest, wenn man nicht zu den digitalen Generationen gehört, die es gar nicht anders kennen und für die Digitalisierung keinen Wandel im eigentlichen Sinne darstellt. Dieser Mut hat aber nichts mit waghalsigem Risiko zu tun, sondern vielmehr mit neuen Denkstrukturen. Mit diesen tun wir uns grundsätzlich schwer, doch die Geschichte lehrt uns: Ein paar Jahre später wird das Neue zum Gewohnten – und diejenigen, die sich hartnäckig gewehrt haben, sind verschwunden. Das soll nicht heißen, dass es ein Leichtes ist, über den Schatten der Gewohnheit zu springen. Es heißt aber, dass die meisten – wenn sie erst digital zu denken begonnen haben – darüber lachen und sicher nicht mehr zurückwollen werden.

Aber nochmals: Offline-Marketing und Kaltakquise sind nicht grundsätzlich sinnlos – das gilt auch für die digitale Zeit, ob auf Messen, in Printmedien, am Telefon, im Außendienst oder durch Sponsoring. Die Frage ist vielmehr, was sie in welchen Bereichen wirklich leisten und wo sie schlicht rausgeworfenes Geld sind. Die bislang dargelegten Gründe für das Scheitern sind so zahlreich wie gravierend. Zusammengefasst: Der Kunde steht nicht im Fokus. Oft wird nicht die richtige Zielgruppe getroffen, zudem begehen viele Unternehmen den Fehler, diese in den falschen Medien anzusprechen: »Die ganze Branche trifft sich auf dieser Messe!« Oder: »In unserer Branche lesen alle dieses Magazin!« Wirklich alle? Zum einen ist schon das recht unwahrscheinlich, zum anderen mag es sein, dass beispielsweise viele aus der Branche es lesen, allerdings kaum jemand mit Entscheidungsgewalt. Und schließlich kann die Form, der Call to Action oder der gesamte Inhalt der analogen Anzeige an der Zielgruppe vorbei konzipiert sein, keinen Vertrauensvorschuss geben oder nicht das anbieten, was der Kunde gerade benötigt – um nur das eine Beispiel der Printanzeige aufzugreifen.

Solche Fehler sind nicht zwangsläufig tödlich und können auch beim Online-Marketing passieren. Der Unterschied ist allerdings folgender: Wie soll man aus Fehlern lernen, wenn man sie nicht erkennt? Wie kann man wissen, wann man einen Fehler begeht und vor allem was man ändern muss, um ihn zu korrigieren? Im Offline-Marketing haben wir kaum die Möglichkeit, etwas rückgängig zu machen: Die Anzeige ist einmal geschaltet, der Messestand aufgebaut, der Radiospot im Kasten. Und dann? Welches Kontrollinstrument lässt sich anlegen, um den Erfolg zu messen?

Heute gibt es einige sinnvolle Controlling-Methoden – und bei einigen dieser Strategien lässt die Kosten-Nutzen-Kalkulation sich sogar ganz analog oder gar manuell erstellen. In Relation zu den Ausgaben erhält man dadurch endlich ein Bild, wie viel Geld die so gewonnenen Neukunden gekostet haben. Dadurch können Unternehmen sich ganz anders ausprobieren, testen, nachjustieren – und bei jeder Aktivität und jedem Kostenpunkt errechnen, wie teuer ein Neukunde tatsächlich ist.

7.1 Kaltakquise ist von gestern

Geht es um Neukunden, so ist die Grundidee der guten alten Kaltakquise nicht mehr haltbar, weil sie erstens ein viel zu aufwendiger Zwischenschritt auf dem Weg zum wirklich wichtigen Herzstück des Vertriebs ist: dem Lead, der zum Kunden (gemacht) wird. Zweitens kann der Kunde kaum noch »kalt erwischt« werden. Dafür ist er auf zu vielen Ebenen unterwegs und bekommt auf all diesen so viele Informationen, dass der erste Kontakt für den Vertrieb selten wirklich der erste für den Kunden ist.

Leads, Kundengewinnung und Aufgabenteilung – teuer, redundant und nervig

Der Vertrieb kann so, wie er aktuell in den meisten Unternehmen im B2B-Bereich abläuft, nicht mehr funktionieren. Um ihn nun zu modifizieren und den Gegebenheiten anzupassen, muss er in seine Bestandteile zerlegt und so umgebaut werden, dass alle gewinnen. Bislang war der Weg ein zu langer und auch zu teurer: Der erste Schritt bestand aus der Kaltakquise, der zweite aus der professionellen Überzeugungsarbeit der Vertriebler und der dritte aus der Betreuung. In diesen drei Phasen gibt es einige To-dos, die mit dem Know-how und den Kosten eines guten Vertrieblers nicht kompatibel sind – und es schon früher nicht waren.

Der Vertriebler kann die wirklich wichtigen Aufgaben übernehmen, die er als Impulsgeber, emotionaler Trigger, Netzwerker und Experte ausführt. Vor allem für die erste und Teile der letzten Phase bietet der Markt hingegen digitale Lösungen an, die es erlauben, den Kunden mit all seinen Bedürfnissen abzuholen und gleichzeitig den Vertrieb zu entlasten. Lassen wir das besser Webseite, Werbemaßnahmen, Google, Facebook, Konfigurator, Online-Shop, Free Content und andere digitale Freunde machen. Es ist aberwitzig teuer, Vertriebler für solche monotonen Aufgaben und vor allem für frustrierende Absagen – die in der klassischen Kaltakquise nun mal anfallen – einzusetzen.

Das ist also nicht nur von gestern, es hat auch niemand Lust darauf, weder der Vertrieb noch der potenzielle Kunde – oder gar das Unternehmen selbst. Denn was zählt, sind Leads, qualifizierte Kontakte, die ein real existierendes Interesse am Produkt haben. Jeder gute Vertriebler wird jetzt leuchtende Augen bekommen: Hat man erst mal einen Lead, kann die wirklich spannende Arbeit beginnen und aus ihm ein Bestandskunde werden.

Kaltakquise – Bequemlichkeit, Not und Zufall

Während der Kaufphase zeigt der heutige Kunde tatsächlich konkreten Betreuungsbedarf und sucht persönlichen Kontakt. In einigen Jahren könnte auch das anders aussehen, aber bis dahin können und sollten Vertriebler sich auf ihre Expertise konzentrieren, Kunden gewinnen und binden – und sich parallel mit den digitalen Marketingmaßnahmen auseinandersetzen, um diese bestmöglich mit ihrem Vorgehen abzustimmen: Rationalisierung, Digitalisierung und Skalierung aller Vertriebsphasen und aller Bereiche inklusive Marketing und Führung.

Für viele klingt das alles bereits so logisch, dass es schwerfällt, zu verstehen, warum sich die alten kalten Strukturen noch halten. Doch es gibt Gründe, warum so manches Unternehmen sich nur schwerlich von diesem Konzept lösen kann: Kaltakquise funktioniert bei all den Nachteilen noch immer erschreckend »gut«. Der Gewinn liegt für Agenturen durchschnittlich bei 1,6 Prozent, einige reden gar von 10 Prozent, besonders die von Kaltakquise Überzeugten. Konkret sprechen wir also von hundert Anrufen, die ein bis vier, im besten Fall gar zehn interessante Leads bringen. Mit gewinnorientiertem Denken und skalierbaren Lösungen hat das recht wenig zu tun. Dabei können die digitalen Alternativen nicht nur schnell und automatisiert Geld und Zeit sparen, während dieser klassische Vertrieb konstant viel Geld fordert. Sie machen zudem die Kaltakquise an sich überflüssig, weil sie dem Markt und dem Kundenverhalten angepasst dort ansetzen, wo sie gezielt, gesteuert und mit minimierten Streuverlusten zum Ziel führen.

Diese bereits erfolgreichen Maßnahmen des Online-Marketings werden im B2B bislang dennoch selten oder zurückhaltend in Betracht gezogen. Der Grund dafür ist allerdings trivial: Man setzt zum einen noch immer auf Bequemlichkeit und spekuliert darauf, Unternehmen »kalt zu erwischen«, die einen Bedarf haben, den die eigenen Produkte abdecken können. Mit ein wenig Verhandlungsgeschick und Glück kann es zu einem Abschluss kommen, wie gesagt, mit einer Quote von 1,6 bis 10 Prozent. Zum anderen passiert es immer wieder, dass es beim potenziellen Kunden gerade brennt – und ein Problem dringend gelöst werden muss: Maschinenausfall, Auftragshoch, Neukunde. Im richtigen Moment erwischt, kann die Kaltakquise fruchten. Sich auf solche Fälle zu verlassen, ist jedoch alles andere als eine clevere und nachhaltige Strategie.

Vertriebler professionell einsetzen – wenn ihre Arbeit wirklich fruchten kann

Grundsätzlich bereitet der Vertrieb wohl jedem Unternehmer ab und zu Kopfschmerzen. Er ist existenziell, aber aufwendig, langwierig und teuer. Die Lohnkosten sind immens, und sie steigen weiter. Ein guter Vertriebler verdient nun mal viel Geld – und das zu Recht. Die Behauptung, dass er es mit Kaffeetrinken tut, trifft nur bedingt zu – schließlich lässt oder ließ sich auf diese Art tatsächlich gut verkaufen: Man kennt sich, man traut sich, man weiß, was man hat. Die Kontakte und das Beziehungsnetz eines guten Vertrieblers sind nicht zu unterschätzen – und auch im Online-Marketing sind Netzwerke und Vertrauen goldwert.

Das Kaffeetrinken als vertrauensbildende Maßnahme wird allerdings durch einen kommunikativen Mix aus Diskussionen, unternehmenseigenen Informationen in Wort und Bild sowie weiteren Materialien anderer Quellen ersetzt. Die Vieraugengespräche fallen so bis zu einer bestimmten Grenze weg – was bei Vertrieblern und manchen traditionell denkenden Unternehmern Unmut hervorruft. Schließlich werden doch individuelle Absprachen getroffen, Zahlen besprochen, die nicht für jedermanns Ohren gedacht sind. Das ist zwar richtig, macht aber nur einen Teil der Gespräche aus. Für den Rest gilt: Ein öffentlicher Dialog im digitalen Raum bedeutet enorme Zeitersparnis und große Chancen für Vertrauensaufbau.

Hier schlummert noch sehr viel Potenzial, das zu digitalisieren ist – ebenso, was Arbeitsqualität, Motivation und Kompetenzen der Mitarbeiter anbelangt. Denn heutzutage reicht Geld alleine nicht mehr aus, um seine Mitarbeiter zu richtig guter Arbeit zu motivieren. In Relation zum Stundenlohn – und dem ewigen Kampf um Budgets und Investitionssummen – ist es nahezu grotesk, dass Vertriebler sich auf Messen regelmäßig die Füße in den Bauch stehen und in den darauffolgenden Wochen Nachfasstelefonate führen – mit einer Erfolgsquote von meist deutlich weniger als 5 Prozent. Diese trivialen, langweiligen und geradezu zermürbenden Teilaufgaben zu eliminieren, bringt also noch mehr als Zeit- und Geldersparnis: Es führt auch zu höherer Motivation und besserer Arbeit der Vertriebler.

Dieser muss aber bereit sein, den Wandel mitzugehen. So mancher sträubt sich mit Händen und Füßen aufgrund von Existenzängsten, Trägheit oder beidem. Tatsächlich ist es denkbar, dass sein Job in einigen Jahren nicht mehr existieren wird – allerdings in der Definition eines Vertrieblers, wie sie gestern Gültigkeit hatte. Wir müssen uns darauf besinnen, was genau verloren geht und was dafür an Neuem entsteht.

Die wirklich spannenden, weil intelligenten, emotionalen und kreativen Aspekte dieser Arbeit werden in Zukunft noch immer von intelligenten, emotionalen und kreativen Menschen wahrgenommen – ihnen werden allerdings die trivialen und redundanten Aufgaben abgenommen. Das sollte sie generell erfreuen, denn so können sie sich auf das konzentrieren, was sie wirklich ausmacht. Im Vertrieb bedeutet dies, die finalen Abschlüsse zu machen, Produkte, Systeme und Konzepte weiterzudenken, Kundenwünsche zu realisieren – aber eben nicht mehr hundert Telefonate zu führen und jedes Mal dasselbe Lied zu singen.

Die digitalen Maßnahmen sind prädestiniert dafür, Kunden, Partner, Vertriebler, Marketer und Strategen gemeinsam zum erfolgreichen Unternehmen zu führen. Sie sind im wahrsten Sinne des Wortes dafür gemacht.

7.2 Das letzte Erfolgsgeheimnis – Freude am Unternehmertum

Dieses Buch soll wecken, nicht kritisieren. Es soll auffordern, nicht schlechtreden. Die Gründe für das große Zögern im B2B-Mittelstand sind (spätestens jetzt) bekannt – es ist müßig, die diffamierende Keule zu schwingen. Viel wichtiger ist es, die gefühlte Reizüberflutung in strukturiertes Denken und Handeln zu überführen, das logische Ganze sichtbar und die Vorteile zu begreiflich zu machen.

Ebenso wichtig ist aber auch eine Rückbesinnung auf die grundsätzliche Freude am Unternehmertum! Die digitale Welt muss endlich als Abenteuerspielplatz für Unternehmer verstanden werden. Wir alle hatten doch eine Idee, eine Vision, als wir gegründet haben oder in die Managementposition aufgerückt sind – und haben sie hoffentlich noch heute. Natürlich geht es bei einem Unternehmen darum, profitabel zu arbeiten, davon zu leben, erfolgreich zu sein.

Das entscheidende Wachstum ist aber doch, sich so zu entwickeln, dass die Kunden wirklich zufrieden sind und Produkt beziehungsweise Dienstleistung bewusst nutzen. Weil es ihnen etwas bringt, weil sie davon profitieren. Gerade und besonders im B2B-Bereich kann der Kunde nicht mehr als Laie für dumm verkauft werden – er sollte vor allem nicht als solcher verkauft werden wollen. Denn gleichberechtigte Partner liefern heute wesentlich mehr als nur den Gegenwert des eigenen Angebots. Wenn man es zulässt, werden sie zu Teilhabern auf Entwicklungs- und Vertriebsebenen, bringen die externe Perspektive ein, erhalten Möglichkeiten der Mitgestaltung und Kommunikation auf Augenhöhe, verbessern Produkt oder Service dadurch ohne Bezahlung, kaufen es dennoch und streuen die frohe Botschaft an ihre Kreise weiter.

Mit solch einem Verständnis der eigenen Ziele und Motivation sollte es leichter fallen, sich auf diese Online-Welt einzulassen. Sie macht Spaß, weil sie effizient ist, logisch, kunden- und gewinnorientiert. Sie muss erst mal durchschaut werden, ja, doch dafür gibt es mittlerweile genug Profis und Vorreiter, die als Partner verstanden ihr Wissen und ihre Erfahrungen teilen. Es gibt vor allem genug Kunden, die mitgehen wollen – oder weiterziehen, wenn sie aufgehalten werden. Wozu also bremsen? Service, Innovation und gute Produkte sind uns allen doch kein Graus, sondern ohnehin das Ziel guter Arbeit. Die Zeit ist reif für digitales Denken.

Heiner Kübler / Carl A. Siebel

Mittelstand ist eine Haltung

Die stillen Treiber der deutschen Wirtschaft

Gebunden mit Schutzumschlag.
Auch als E-Book erhält ich.
www.econ.de

Über das Herz der deutschen Wirtschaft

Auch wenn die deutsche Wirtschaftspolitik sich häufig zu Unrecht an den DAX-Konzernen orientiert: Eigentlicher Wachstumsmotor, europäischer Patentmeister, größter Arbeitgeber und Rückgrat der deutschen Wirtschaft ist der Mittelstand.

Nachhaltiges Wirtschaften ist im Mittelstand keine Managementmode, sondern Teil seines Wesenskerns: einer bewussten Orientierung an menschlichen Werten und einer langfristig orientierten Geschäftspolitik. Mit 15 Fallbeispielen aus der Praxis zeigen die Autoren, vor welchen Problemen und Herausforderungen der Mittelstand steht und wie er sie angeht.

Econ

Carl Naughton

Neugier

So schaffen Sie Lust auf
Neues und Veränderung

Gebunden mit Schutzumschlag.
Auch als E-Book erhält ich.
www.econ.de

Neugier ist erlernbar

Neugier ist eine unserer wichtigsten Eigenschaften.
Neugierige Menschen sind offener für neue Erfahrungen, lernen schneller, arbeiten gewissenhafter, haben
mehr positive soziale Erlebnisse, sind erfolgreicher und
leben länger. Aber Neugierhemmnisse führen dazu,
die Suche nach neuen Informationen früh zu beenden
und in Stereotypen zu denken. Doch die gute Nach-
richt lautet: Neugier ist erlernbar.

Das erste populäre Buch zu einer entscheidenden
menschlichen Eigenschaft.

»Ein Buch, das neugierig macht.«
Harvard Business Manager, April 2016

Econ